太空奥秘

穿越星球的虹桥
CHUAN YUE XING QIU DE HONG QIAO

牛 月／编著

中国大百科全书出版社

图书在版编目（CIP）数据

穿越星球的虹桥 / 牛月编著. —北京：中国大百科全书出版社，2016.1
（探索发现之门）
ISBN 978-7-5000-9806-5

Ⅰ.①穿… Ⅱ.①牛… Ⅲ.①宇宙 – 青少年读物 Ⅳ.①P159-49

中国版本图书馆CIP数据核字（2016）第 024457 号

责任编辑：韩小群
封面设计：大华文苑

出版发行：中国大百科全书出版社
（地址：北京阜成门北大街 17 号　邮政编码：100037　电话：010-88390718）
网址：http://www.ecph.com.cn
印刷：青岛乐喜力科技发展有限公司
开本：710 毫米 × 1000 毫米　1/16　印张：13　字数：200 千字
2016 年 1 月第 1 版　2019 年 1 月第 2 次印刷
书号：ISBN 978-7-5000-9806-5
定价：52.00 元

前 言

几千年来，人类只能以肉眼观天看日。1609年，意大利著名科学家伽利略首先将望远镜应用于太空观测，遥远的物体看起来就更近、更大和更亮了。后来，英国著名科学家牛顿以反射面镜取代容易产生色差的透镜式望远镜，用于对宇宙太空进行观测。

在这之后，许多伟大的天文学家不断精心研究和改进光学望远镜，不断带来令人振奋的宇宙太空新发现，掀起一阵阵观星和科学研究的热潮。人们更希望看清宇宙太空的真面目。

经过三百多年的不断观测，人们不但对太阳系的行星有了大致了解，而且对于银河系等螺旋状星系、星云也有了更多认识。后来，环绕地球运行和观测的哈勃太空望远镜，因为没有地球混浊大气层的视野干扰和观测点条件选择的限制，成为有史以来最具威力的望远镜，使人们观看宇宙的视野发生了革命性的改变。但是，人们还是难以真正看清宇宙太空的面目。

我国"神舟"10号飞船圆满完成载人空间交会对接与太空授课，"嫦娥"号卫星即将实现月球表面探测，"萤火"号探测器启动了火星探测计划……我们乘坐宇宙飞船遨游太空的时候就要到了！

21世纪，伴随着太空探索热的来到，一个个云遮雾绕的未解之谜被揭去神秘的面纱，使我们越来越清楚地了解宇宙这个布满星座、黑洞的魔幻大迷宫。

神秘的宇宙向我们敞开了它无限宽广的怀抱，宇宙不仅包括太阳系、星系、星云、星球，还蕴藏着许多奥秘。因此，我们必须首先知道整个宇宙的主要"景点"。

宇宙的奥秘是无穷的，人类的探索是无限的。我们只有不断拓展更加广阔的生存空间，破解更多的奥秘，看清茫茫宇宙，才能造福于人类并对人类文明有所贡献。宇宙的无穷魅力就在于那许许多多的难解之谜，它使我们不得不密切关注和质疑。我们总是不断地去认识它、探索它，并勇敢

地征服它、利用它。

虽然，今天的科学技术日新月异，达到了很高水平，但对于宇宙中的无穷奥秘还是难以圆满解答。古今中外，许许多多的科学先驱不断奋斗，推进了科学技术的大发展，一个个奥秘被先后解开，但又发现了许多新的奥秘，又不得不向新的问题发起挑战。科学技术不断发展，人类探索的脚步永无止息，解决旧问题、探索新领域就是人类一步一步发展的足迹。

为了激励广大读者认识和探索整个宇宙的奥秘，普及科学知识，我们根据中外的最新研究成果编写了本套丛书。本丛书主要包括宇宙、太空、星球、飞碟、外星人等内容，具有很强的科学性、前沿性和新奇性。

本套丛书通俗易懂、图文并茂，非常适合广大读者阅读和收藏。丛书的编写宗旨是使广大读者在趣味盎然地领略宇宙奥秘的同时，能够加深思考、启迪智慧、开阔视野、增长知识，正确了解和认识宇宙世界，激发求知的欲望和探索的精神，激起热爱科学和追求科学的热情，掌握开启宇宙世界的金钥匙。

Contents 目录

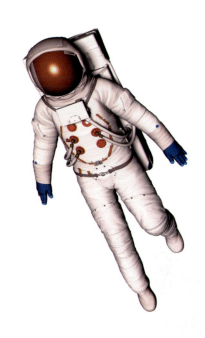

Jin Xing Shang De Wen Ming Yi Ji | 金星上的 文明遗迹

金星上的环境

1988年，苏联宇宙物理学家阿列壳塞·普斯卡夫宣布说："发现于火星上的同样也存在于金星上。"

据人类所知，金星的自然环境比起火星来要严酷得多。

金星表面极限温度可达500度，大气层中含有90％以上的二氧化碳，空中还经常落下毁灭性的硫酸雨，特大热风暴比地球上12级台风还要猛烈数倍。

1960～1981年，美国和苏联双方共发射近20个探测器，仍未认清浓厚云层包裹下的金星真面目。

科学家的发现

对于金星秘密的最重要发现，是苏联科学家尼古拉·里宾契诃夫在比利时布鲁塞尔的一个科学研讨会上披露的。

1989年1月，苏联发射的一枚探测器穿过金星表面浓密的大气层用雷达扫描时，发现金星上原来分布有20000座城市的遗迹。

这20000座城市遗迹完全是由"三角锥"形金字塔状建筑组成的。每座城市实际上只是一座巨型金字塔，全部没有门窗，估计出入口可能开设在地下。20000座巨型金字塔摆成一个很大的车轮形状，其间的辐射状大道连缀着中央的大城市。

起先，科学家们见到这些传回地球的照片，以为上面出现的城墟可能是大气层干扰造成的幻象，或是飞船仪器有问题。但经过深入分析后，他们发觉那确是一些城市遗迹，是一种绝迹已久的智能生物留下来的。

科学家的再研究

研究者认为，这些金字塔式的城市可昼避高温，夜避严寒，再大的风暴也奈何不得它。

科学家们由此联系到火星上发现的作为警告标志的垂泪的巨型人面建筑——"人面石"，不得不把金星与火星看成是一对经历过文明毁灭命运的"患难姐妹"。

据科学家推测，800万年前的金星经历过地球现今的演化阶段，应该有智能生物存在。

由于金星大气成分的变化，使二氧化碳占据了绝对优势，从而发生了

强烈的温室效应，造成大量的水散失或蒸发成云气，最终彻底改变了金星的生态环境，导致生物绝迹。

倒塌的金星城市中，究竟会隐藏着怎样的更加难以捉摸的秘密呢？这只有等待人类未来的实地探测了，但愿这一天并不遥远。

金星发现两万座城市

金星是否存在生命，至今尚难定论，而地球人遭遇金星人的案例却一再出现。

1952年11月20日，美国人亚当斯基在加利福尼亚州的沙漠中进行科学探索时，看到飞碟飞来和随之出现的一个头披金色长发，脚蹬红色高筒皮靴的长相标致的陌生人。他主动与亚当斯用手势交谈，说明他"来自金星"。

1954年6月，美国人李克兰德声称，在洛杉矶市曾3次遇到两个白脸、黑发、大眼、大脚的陌生人，以英语自我介绍"来自金星"，并在8月31日晚间敲开了他家的门，邀他到金星上参观了工厂、实验室和住所后，送他返回了地球。

上图：金星表面有70%平原，20%高地，10%低地

下图：探测器发现金星上有数万间的建筑物遗迹

当然，这都是些无法核实的自述，只能姑妄听之。

从探测所获数据分析，金星大气层中二氧化碳含量为97%，氧气似乎早已耗尽，但生命存在的条件是多元的，地球上尚且有不靠氧气而生存的生物，何况外星球。

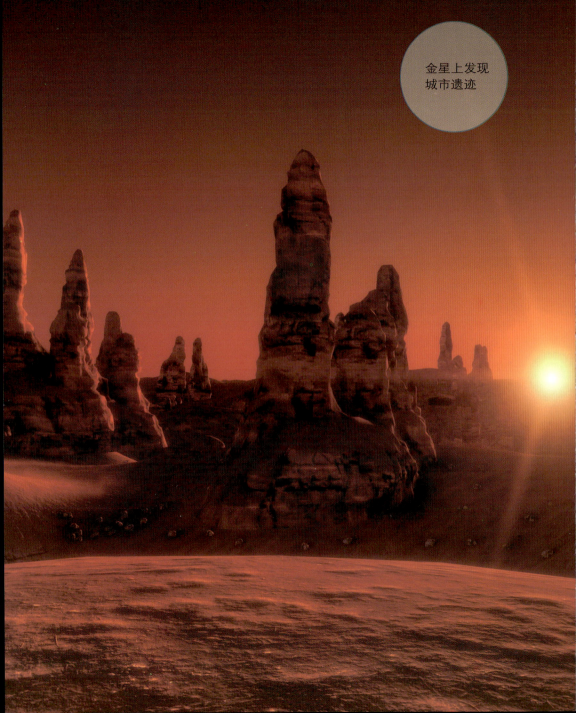

金星上发现
城市遗迹

1989年，苏联科学家尼古拉·利云捷高博士在比利时布鲁塞尔召开的一个科学研究讨论会上公开宣布了一个惊人消息：

苏联派出的一艘无人太空飞船于1988年穿过金星大气层时拍下了一批照片，这些照片表明：金星上大约有20000个古代城市遗址。

那些古代城市遗址的布局好像一个向四面八方辐射的车轮，车轮中心是一个大都会，每根射线都通向一个城市，射线就是高速公路。

从照片上看，一些城市已经毁坏，至少从地面上看，那里已经没有生物在活动。但在远古时代，金星上曾有过生命。

有些学者甚至猜测，古代美洲的玛雅人，其祖先就是来自金星。在远古时代，金星有孕育生命和智慧生命的优越条件，生命延续可能达10多亿年，后来由于金星人文明的发展，加剧了自然环境的破坏，随着太阳温度的升高又加剧了温室效应，海洋和水都消失了。

如今金星人可能依靠自己的智慧建造地下独立生物圈而潜居地下，美国

上图：金星的城市遗址好像一个向四面八方辐射的车轮，每根射线都通向一个城市

下图：金星上的墟建筑呈"三角锥"形金字塔状。每座城市实际上只是一座巨型金字塔

和苏联金星探测器均曾发现金星存在着闪电和无线电静电现象，这可能是地下金星人进行生产或开展科技活动所产生的。

文明遗迹探索

迄今为止，人们在月球、火星、金星上都发现了文明活动的遗迹和疑踪，甚至在距离太阳最近的水星的阴面发现过一些断壁残垣。

作为金字塔式的建筑则使地球、月球、火星、金星构成一种互为联系的文明系统。

科学的观点认为，太阳系的文明发展史并非起源于地球，它的鼎盛时期出现于地球之前，延续到地球这颗星时，已是太阳系文明的终结史。

不过，这丝毫不妨碍世世代代的地球人类去为创造一个全新的黄金般的文明时代而努力，也许这只是太阳系中独存的文明硕果了。但是，探索文明遗迹仍是天文学家的使命。

行星之王——
木星

巨大的行星

　　木星是颗巨大的行星。在太阳系所有行星中，木星是最大的一颗。它的直径是14.3万千米，是地球直径的11倍多，体积是地球的1300多倍。这意味着倘若木星是个中空的圆球，它里面能放下1300个地球。木星是太阳系行星中的头号巨星。

　　虽然木星质量只是太阳的1‰，但它的质量是地球质量的318倍，木星质量甚至比太阳系内其他所有的行星，如卫星、小行星、陨星和彗星的总和质量还要大，后者只及木星质量的40%。

　　木星在群星中显得很亮。虽然它到太阳的距离是地球到太阳距离的5

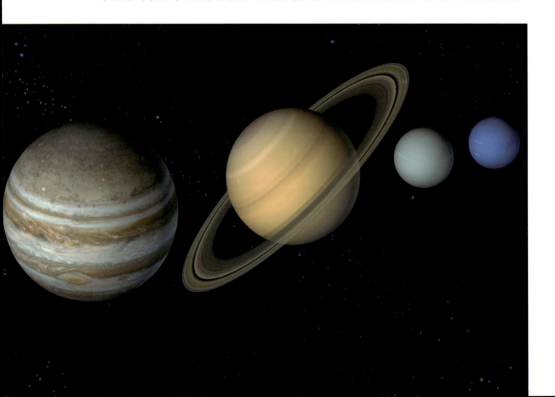

倍，得到的太阳光也弱得多，只有从地球上看到的太阳亮度的1/7，但木星体积巨大，其大气浓密，反射太阳光的能力也强。在天空中除金星以外，木星就是最明亮的行星了。

木星自转非常迅速。它虽是庞大的行星，却行动灵活。木星比太阳系内其他任何的行星自转都要快，木星上的一天只有9小时55分，木星公转

星系名片

名称：木星

学名：Jupiter

分类：行星

直径：142984千米

质量：1.90×10^{27}千克

逃逸速度：60.2千米/秒

速度每秒13000米，比地球每秒30千米的公转速度慢多了，公转一周的时间几乎等于12年。

身披彩带的木星

通过望远镜，人们能看到木星为扁平的形状。木星最吸引人的是木星顶部云层的云雾状的条纹。明暗相间的条带大体规则又很有变化，而且都与赤道平行。条带颜色斑斓，除了白色外，还有橙红、棕黄色。按照习惯，那些发白的浅色条纹叫"带"，那些较暗的红、棕色等条纹叫"条"或"带纹"。

这些条带都是木星云层，而且是木星顶部云层。木星被浓密的大气包围得严严实实，这层大气有多厚，现在不得而知，估计大约1000千米，我们想要窥视一下木星大气的下层都有些困难，更不用说看见木星表面了。由于木星自转，云就被拉成长条形。浅色的带是木星大气的高气压带，温暖的气流在带里上升，呈现出白色或浅黄色。深暗色的条则是低气压

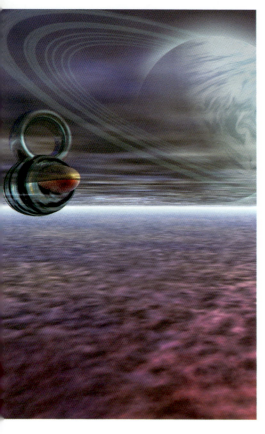

带，气流在这里下降，呈现出红色和橙色。条带间的形态像波浪一样激烈翻滚。

换句话说，由于木星做高速自转，伴同高气压带和低气压带的旋风流和反旋风流完全把巨大的木星缠绕起来了。大气也不易跑掉，就因为木星有巨大吸引力束缚着漂泊不定的气体。

表面是个大海洋

木星没有固体的表面，这与我们了解过的水星、金星、地球、火星、月球都不同。其大气之下，很可能是液态的氢的"海洋"。再往下离木星中心核大约一半的地方，那里的压强已十分巨大，可达300万个大气压，温度惊人的高，达11000度，在这样的物理条件下，以至液态分子氢实际上已转化成液态的金属原子氢，这种液态的金属氢在地球的实验室中从未发现过，然而科学家坚信，在极端条件下会有这种液态金属氢存在。

在木星的最中心部分是木星核，木星核是固体的，主要由铁和硅之类的物质组成，不大的体积却相当于一二十个地球质量。这里必然承受非常大的大气压强，估计有上亿个大气压。温度高时可达30000度，那里必然有地球所无法想象的特殊环境。

由于木星被厚厚的一云层包裹着，人类目前无法看清木星的表面，还需要科学家的进一步研究。

木星是太阳系里最大的行星

Huan Jing E Lie
De
Mu Xing

环境恶劣的
木星

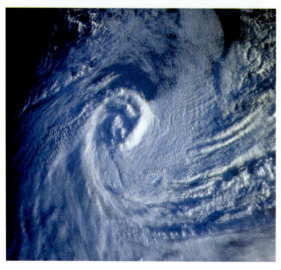

木星的大气层

木星的上层大气主要是由透明的氢气构成。因为木星引力比地球引力强两倍半以上，在明亮的、黄色的云层下面，是地狱般的高温和无法忍受的气压，在这种异常的条件下人类绝不可能生存。木星天空呈蓝灰色，是一个由冻结了的氨结晶所构成的浓密的、黄白色的云海。那里的气温可达到零下93度。继续下降到木星云层的深处，气温不断升高。

太阳微弱的光线透过云层，比地球上的任何黑暗更黑。但是，木星大气层的深处，并不是

上图：木星是一个气体行星。气态行星没有实体表面，它们的气态物质密度随深度的变大而不断加大

下图：木星的表面有高速飓风，这些飓风被限制在狭小的纬度范围内，它形成的风暴有时比地球还大

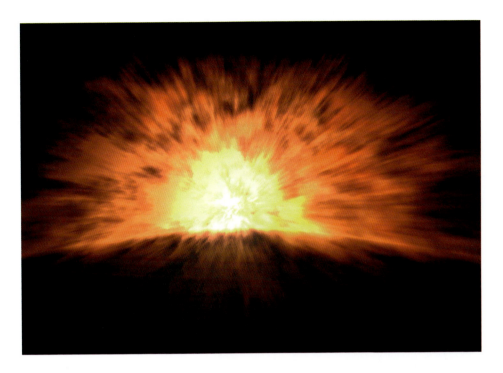

静悄悄的，而是一种低沉的、地球上所听不到的"隆隆"声，从四面八方滚滚而来，这是旋转翻腾的风和云的吼声。

木星是个大热球

如果下降至1100千米，便会进入另一个氢的世界。这时，在极高的温度和压力的作用下，氢就会变成液态的海洋，越往深处就越黏稠越热。在异常高的温度和压力下，液态氢就被压缩得如金属一般，可以传导热和电。

木星能够向宇宙空间释放巨大的能量，它所放出的能量是它所获得太阳能量的两倍，这说明木星释放能量的一半来自于它的内部。同时也说明，木星内部存在热源。木星是一个巨大的液态氢星球，本身已具备了天然核燃料以及进行热核反应所需的高温条件。一旦木星上爆发大规模的热核反应，木星大气层将充当释放核热能的"发射器"。

木星表面的高速飓风

木星和其他气态行星表面有高速飓风，其形成的风暴有时甚至比地球还大。这些飓风被限制在狭小的纬度范围内，在接近纬度的风吹的方向又与其相反。这些高速飓风带中轻微的化学成分与温度变化造成了多彩的地表带，支配着行星的外貌。木星的大气层也被发现相当紊乱，这表明由于它内部的热量使得飓风在大部分急速运动，不像地球只从太阳处获取热量。

木星表面云层的多彩可能是由大气中化学成分的微妙差异及其作用造成的，可能其中混入了硫的混合物，造就了五彩缤纷的视觉效果，但是其详情仍无法知晓。

木星上有生命吗

在如此恶劣的地方，人们也许觉得木星上不可能有任何生命存在。但是，木星实际上是太阳系中最可能发现新生命形态的地方。

因为在地球上，只要有水，生命就会以细菌的方式存在。美国加利福尼亚大学的科学家分析了由伽利略宇航船发回的数据。他们在研究了木星的磁场后做出结论：在木星表面之下7000米的地方可能有一个海洋。

但是，科学家不能完全肯定这个海洋真的存在，也不能确定海洋里面的是咸水还是淡水。无论如何，木星是科学家寻找地球外生命存在的一个可能地方。同时，许多科学家指出，如果木星的云层中有生命存在，它们绝没有智能。

1994年木星被撞事件

1993年3月24日，美国天文学家尤金·苏梅克和卡罗琳·苏梅克以及天文爱好者戴维·列维，他们利用美

国加州帕洛玛天文台的天文望远镜发现了一颗彗星，遂以他们的姓氏命名为"苏梅克-列维9号"彗星。这颗彗星被发现一年多后，于1994年7月16~22日，断裂成21个碎块，其中最大的一块宽约4000米，以60千米/秒的速度连珠炮一般向木星撞去。

　　这次彗木相撞的撞击点在相对于地球的背面阴暗处，人们在地球上无法直接观察到撞击的情况。但是木星周围有16颗卫星和两道暗淡的光环，科学家们可以观察到撞击对木星的卫星和光环产生的反光效应。此外，木星的自转周期为9小时56分钟，众多的撞击点可以随着木星的快速自转运行到面对地球的位置，使人类每隔20分钟左右就能观察到撞击后出现的蘑菇状烟云和其他效应。

Chong Man Di Yi
De
Mu Xing | # 充满敌意的
木星

木星有卫星吗

木星周围有13颗卫星围绕它旋转。用小型望远镜能发现的只有4颗，这是1610年意大利著名科学家伽利略观测到的。

天文学家们就算使用特别大型的天文望远镜，也只能看到木星大气的顶层，要对这颗奇特的行星进行更具体的观察，就必须使用无人宇宙飞船。

第一艘探测木星的宇宙飞船是1972年发射的"先驱者"10号，接着是1973年发射的"先驱者"11号。这两艘飞船带回了木星大量近距离照片和有关情况。到目前为止，还没有宇宙飞行员冒险进入到木星的大气层。

木星获得的名次

木星在太阳系的八大行星中体积和质量最大，质量是其他七大行星总和的2.5倍多，是地球的318倍，而体积则是地球的1321倍。

按照与太阳的距离由近至远排列，木星位列第五。同时，木星还是太阳系中自转最快的行星，所以木星并不是正球形的，而是两极稍扁，赤道略鼓的形状。另外，木星是天空中亮度从大到小排列为第四的星星，仅次于太阳、月球和金星。

近年来，对木星的考察表明：木星正在向其宇宙空间释放巨大能量。它所放出的能量是它所获得太阳能量的两倍，这说明木星释放能量的一半来自于它的内部。

科学家的发现

　　科学家发现，最外层的木卫四由于被陨星撞击了约40亿年之久，表面布满了环形山。科学家们推测，由于一颗特大陨星的撞击，将木卫四表面的冰层融化了，使水从撞击处向四处扩展，但又快速重新冻结，因而形成了这些山脉。

　　邻近的木卫三也一样，至少有一半是由水和冰构成，它有着山脊和裂纹，这可能是由"水震"现象造成的。与木卫四相比，木卫三表面的陨星坑较少，而且表层年代也只有木卫四的1/4，约为10亿年。

　　木卫一别具一格。它和月亮大小相似，每天从空中掠过一次。它的表面布满了高原、高地、干燥的平原和断层线，还至少有一个可能仍然活动着的大型火山，其直径为48千米。

　　现在，天文学家发现最里层的木卫五，仅仅是一个针尖大小的亮点。这颗微小的长形天体轨道里存在着一股物质的溪流，只能被解释为一个由大粒子所组成的光环。

木星上的海洋

　　木星的上层大气主要是由透明的氢气构成。因为木星引力比地球引力强2.5倍以上，假如在地球上重45千克的物体，那么在木星大气层顶端就将重

120千克。在明亮的、黄色的云层下面，是地狱般的高温和无法忍受的气压，木星上这种异常条件人类是绝不可能生存的。

如果气压继续下降到木星云层的深处，气温会不断地升高。太阳微弱的光线透过云层，比地球上的任何黑暗更黑。

但是在此种条件下，木星大气层的深处并不是静悄悄的，而是有一种低沉的地球上所听不到的"隆隆"声，从四面八方滚滚而来，这是旋转翻腾的风和云的吼声。

如果下降到1100千米，便会进入另一个氢的世界。这时，在极高的温度和压力的作用下，氢变成了液态的海洋！唯一的光亮是来自周围的巨大闪电，它们使地球上的闪电看上去只不过是大大的火花，而这里的雷鸣则是异常的震耳。

这个氢的海洋深达24900千米，而且越往深处就越黏稠越热，称得上是茫茫宇宙间可能存在的最为恐怖的情况。

木星的"三大法宝"

木星的磁场

木星有较强的磁场，强度达3~14高斯，比地球表面磁场强得多，而地球表面磁场强度只有0.3~0.8高斯。

木星的正磁极指的是地球南极，由于木星磁场与太阳风的相互作用，形成了木星磁层。

木星磁层的范围大而且结构复杂，在距离木星140万~700万千米之间

的巨大空间都是木星的磁层；而地球的磁层只在距地心5万~7万千米的范围内。

　　木星的4个大卫星都被木星的磁层所屏蔽，使之免遭太阳风的袭击。

　　地球周围有条称为范艾伦带的辐射带，木星周围也有这样的辐射带。

　　1981年初，当"旅行者"2号早已离开木星磁层飞奔土星的途中，曾再次受到木星磁场的影响。

　　由此看来，木星磁尾至少拖长到6000万千米，已达到土星的轨道上。

木星的极光

　　木星的两极有极光，这是从木卫一上火山喷发出的物质沿着木星的引力线进入木星大气而形成的。

　　太阳风到达木星这么远的地方，带电粒子也衰减得很多了，但由于木星强大的磁场，仍然可能捕捉到太阳带电粒子，这在理论上完全成立，过去却一直没有观测到。

　　1979年，当"旅行者"1号转到木星的背面时，观看到一

场动人的极光"演示"，夜幕中，一条长约30000千米的巨形光带，在长空摇曳生姿，翩翩舞动。

木星的光环

随着行星际空间探测器的发射，不断揭示出太阳系天体中许多以前未知的事实，木星环的发现就是其中的一个。早在1974年"先锋"11号探测器访问木星时，就曾在离木星约13万千米处观测到高能带电粒子的吸收特征。两年后有人提出这一现象可用木星存在尘埃环来说明。可惜当时无人做进一步的定量研究以推测这一假设环的物理性质。

根据对空间飞船所拍得的照片的研究，现已知道木星环系主要由亮环、暗环和晕三部分组成。环的厚度不超过30千米亮环离木星中心约13万千米，宽6000千米。

暗环在亮环的内侧，宽可达5万千米，其内边缘几乎同木星大气层相接。亮环的不透明度很低，其环粒只能接收通过阳光的万分之一左右。

木星环较土星为暗（反照率为0.05）它们由许多粒状的岩石质材料组成。过去有人猜测，在木星附近有一个尘埃层或环，但一直未能证实。

1979年3月，"旅行者"1号考察木星时，拍摄到木星环的照片，不久，"旅行者"2号又获得了木星环的更多情况，终于证实木星也有光环。

木星环像个薄薄的圆盘，很暗，也不大。由大大小小的黑色块状物构成，外围离木星

中心12万千米。光环分为内环和外环，外环较亮，内环较暗，几乎与木星大气层相接。光环也环绕着木星公转，7小时转一圈。

木星体积巨大之谜

　　木星是太阳系中最大的一颗行星，科学家研究发现，它体型如此巨大的原因是它曾吞噬一个体积相当于地球10倍大小的行星。

　　科学家认为，木星曾与一个相当于地球10倍大的星体碰撞，它的内核中的金属等重元素物质在剧烈的撞击中汽化，与大气中的氢气和氦气混合在一起，这也是木星大气层密度较大的原因。

　　而那颗本可以成长为更大型行星的星体则在这场碰撞中被木星吞噬殆尽了。这个最新研究成果揭示了在太阳系形成之初，各个行星之间曾经展开残酷而激烈的"生存竞争"。

　　当时的太阳系是一个弱肉强食的战场，小行星之间不断发生碰撞结合，产生的较大行星则继续吞噬其他小行星。

　　事实上我们的地球也是在这样的过程中诞生的，两颗体积相当于火星和金星的星体撞击在一起，形成早期的地球和月球，当时地球的温度达到7000度，岩石和金属都被熔化。

木星上的 "大红斑"

木星上的红斑是什么

除了色彩缤纷的条和带之外，木星大气还有一块醒目的标记，从地球上看去就成一个红色的斑点，仿佛木星上长着一只"眼睛"。

这个红色的斑点形状有点像鸡蛋，颜色鲜艳夺目，红而略带棕色，有时又十分鲜红。人们把它取名为"大红斑"。

大红斑十分巨大，南北宽度经常保持达14000千米，东西方向上的长度在不同时期有所变化，最长时达40000千米。也就是说，从红斑东端到西端，可以并排下3个地球。一般情况下，长度在2000~3000千米，大红斑在木星上的相对大小，就好像澳大利亚在地球上的大小一样。

大红斑之"红"也有其特色。它的颜色常常是红而略带褐色，变化也是有的。

20世纪20~30年代，大红斑呈鲜红色，以前从未有过。1951年前后，也曾出现淡淡的玫瑰红颜色。大部分时间，颜色比较暗淡。

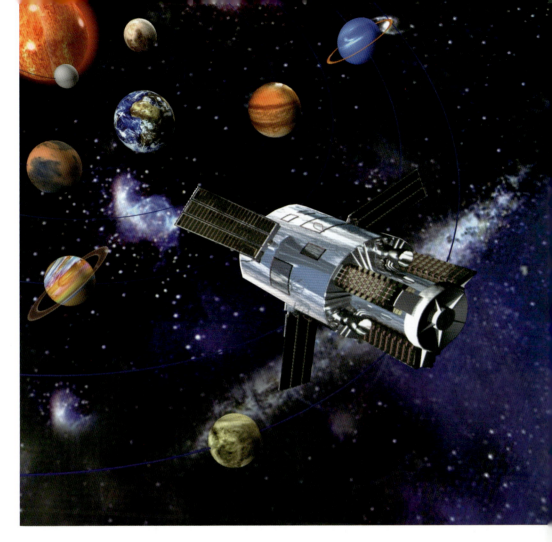

早期发现

一般认为，第一位看见大红斑的人可能是罗伯特·虎克，他在1664年描述木星上的这个斑点，不过，虎克所描述的斑点后经证实在不同的区带上。

1665年，法国天文学家发现木星有一条大红斑并把它绘制成图，终于引起了国际天文学界的注意，一直到1713年，这条大红斑在可见光的波段下断断续续地被观测着。

遗憾的是，从17世纪被发现至1830年，有长达118年的空白这条大红斑没有被观测的记录。原来的斑点是否消散并改变重组了，是否退了色，或者只是简单的观测上的贫乏，无从得知。

当前对大红斑的第一次记录始自1830年。1878年，一位天文学家在观测木星时再次发现了这个大红斑，此后，人们又开始对它接连地观测。

卫星探测

1973年12月3日，为探明木星真相，美国发射了无人勘测器"先锋"10号。经过1年零9个月的宇宙飞行，"先锋"10号终于来到了木星附近，并拍摄到了木星外形的彩色照片发回地球。这些照片让人们清楚地看到了木星上的大红斑。

1979年2月25日，当"旅行者"1号太空船以920万千米的距离掠过木星时，首度将大红斑清晰的影像传送回地球，人类可以清楚地看到大红斑是160千米大小的横断面。

横断面的西边有着五颜六色和波浪般的云彩是大红斑活跃的区域，那里被观察到有非常复杂和多变的云彩运动。

2011年9月，智利和夏威夷的天文台传回珍贵的观测资料，供加州"喷射推进实验室"解析研究。

资深科学家欧尔顿表示，新观测数据显示大红斑的结构非常复杂。

大红斑的颜色之谜

很早以前，木星大红斑的颜色已引起人们关注。意大利天文学家卡西尼在1665年首先观测到木星上有斑痕，并以此红斑为标志，测出了木星自转的周期是在9时50~56分之间的范围。这与现在公认的赤道部分的自转周期9时50分30秒相当吻合，在当时天文观测仪器简陋的情况下是很不简单的成就。

此后3个多世纪过去了，人们一直看到这块红斑，虽然颜色时而有浓也有淡，大小有增有减，但从未消失过，大红斑成为木星上醒目的半永久性标志，同时也是科学家观测、研究、讨论的课题。

关于大红斑的颜色，有不同见解。

木星是太阳系
最大的行星

有人提出，那是因为它含有红磷之类的物质；也有人认为，那可能是有些物质到达木星的云端后受太阳紫外线照射而发生了光化学反应，使这些化学物质转变成了一种带红棕色的物质。

总之，这仍然为目前人类的未解之谜。

科学的不懈探索

人们在地球上对大红斑观察了300多年，却不知怎么解释这种现象。至20世纪70年代，"先驱者"10号、"先驱者"11号相继升空，在1973年12月和1974年12月近距离观测了木星。

科学家发现，大红斑是

一团激烈上升的气流，即大气旋。大气旋不停地沿逆时针方向旋转，像一团巨大的高气压风暴，每12天旋转一周。

从人类认识它以来，它狂暴地刮了3个多世纪，可谓是一场"世纪风暴"，那么，它是靠什么物质能长盛不衰和长期肆虐呢？

原来，大红斑以实力占尽地利之便。巨大的漩涡像夹在两股向相反方向运动的气流带中，摩擦阻力很小，如果大红斑比现在要小得多，那么，阻碍的力量便相应地大得多，这团风暴很快便会平息。

总之，关于大红斑，还需继续观测、研究和进行不懈探索。

Shui Xing Shang
De
Bing Shan

水星上的
冰山

水手10号的观测

  "水手"10号对水星天气的观测表明，水星最高温度达427度，最低温度达零下173度，水星表面没有任何液体水存在的痕迹。

  水星上的大气压力不到地球大气压力的1/100万亿，水星大气主要成分是氮、氢、氧、碳等。水星质量小，本身吸引力不能把大气保留住，大气会不断地向空中逸散。

  现在的稀薄大气可能靠着太阳不断抛射太阳风来补充。太阳风的

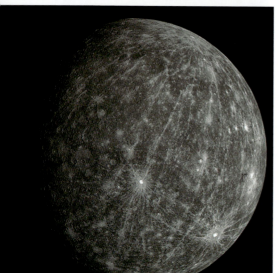

星系名片

名称：水星

学名：Mercury

分类：行星

质量：3.3022×10^{23}千克

逃逸速度：4.435千米/秒

MERCURY

The solar system

水星的自转轴倾角非常小，接近于零，因此在水星的极区存在很多永久阴影区，而这些阴影区则隐藏着许多冰山

大部分成分就是氢、氮的原子核和电子。从水星光谱分析看，水星表面有一点大气，但大气中没有水。

天文学家的发现

宇宙中的奥妙无穷无尽，经常会有人们意想不到的事情发生。在没有液体水、没有水蒸气的水星，却发现了"冰山"。

1991年8月，水星飞至离太阳最近点，美国天文学家用巨型天文望远镜在新墨西哥州对水星进行了观测，得出破天荒的结论，即水星表面的阴影处存在着以冰山形式出现的水。冰山直径15~60千米，多达20处，最大的可达到130千米，都是在太阳从未照射到的火山口内和山谷之中的阴暗处，那里的温度在零下170度。它们都位于极地，那里通常在零下100度，隐藏着30亿年前生成的冰山。由于水星表面的真空状态，冰山每10亿年才融化8米左右。

| 水星之谜的
探索

什么是水星凌日

　　一直以来在肉眼能看到的金、木、水、火、土五大行星中，水星是最使人难以捉摸的行星。离太阳最近的行星就是它，因此它总是被强烈的阳光所隐藏着，很难看清它的真面目。就连著名的天文学家哥白尼，也由于没能看到水星的真面貌而遗憾终身。

　　在某些情况下，水星从太阳面前经过时，人们可以看见在明亮的太阳圆盘背景上有一个小圆点，那就是水星。这种现象称为"水星凌日"。

　　以前两次看到的水星凌日分别发生在1986年11月13日和1993年11月6

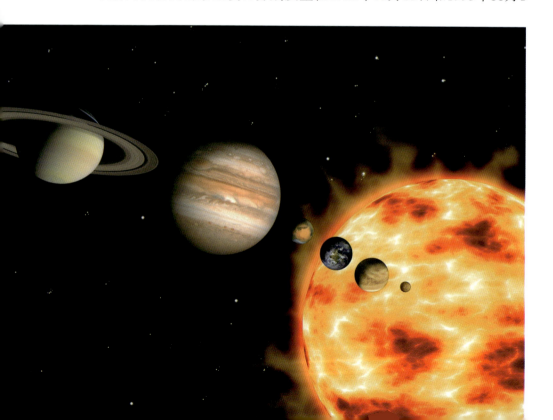

日中午前后。

　　发生水星凌日时，太阳明亮的背影上会呈现出水星的黑点，仔细观察会发现水星的边缘特别清楚，这就向我们证明，水星上是没有空气的。正是这个原因，水星世界中才会出现许多特色。

　　由于水星离太阳的距离比地球近许多，比太阳和地球之间距离的一半还近，因此在水星上看到的太阳比地球上看到的更大，也更耀眼。最为奇特的是水星上没有大气，因而水星和太阳同时出现在天空中。

水星的纪录

　　在太阳系的八大行星中，水星获得了几个"最"的纪录：

　　1．太阳系内水星是离太阳最近的行星。水星与太阳的平均距离为5790万千米，约为日地距离的0.387倍，到目前为止还没有发现过比水星离太阳更近的行星。

　　2．由于水星离太阳最近，所以受到太阳的引力也就最大，因此它在轨道上运行比任何行星跑

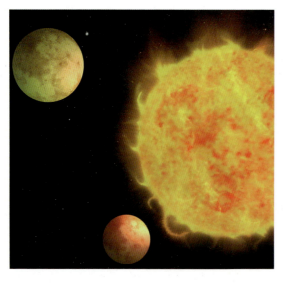

得都快，轨道速度为每秒48千米，比地球的轨道速度快18千米。以这样的速度，只用15分钟就可以环绕地球运行一周。

3．"水星年"是太阳系中最短的年。它绕太阳公转一周仅需88天，还没有地球上的3个月长。

这都是因为水星围绕太阳高速飞奔的缘故。在希腊神话中，水星被比作脚穿飞鞋、手持魔杖的使者。

4．水星是行星表面温差最大的行星。因为水星上没有大气的调节，距离太阳又太近，所以在太阳的烘烤下，向阳面的温度最高时可达430度，不过背阳面的夜间温度可低到零下180度，昼夜温差600多度，真是一个处于火与冰之间的世界！

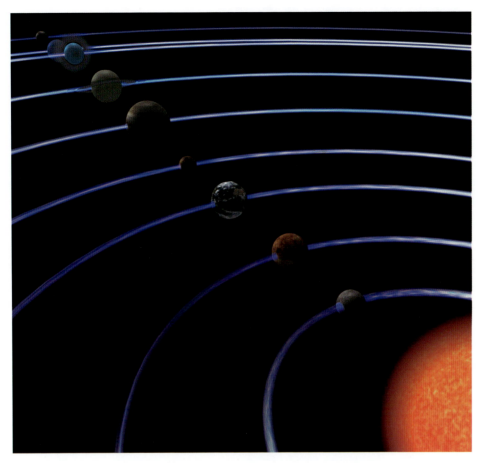

5.水星和金星是卫星数最少，或根本没有卫星的行星，而在太阳系中目前发现的卫星总数已达60多颗。

6.在太阳系的行星中，水星"日"比任何行星都长，在水星上的一天，即水星自转一周，相当于地球上两个月，即58.65地球日。在水星的一年里，仅能看到两次日出和两次日落，那里的一天半就是一年。

探索水星的秘密

1974年3月，"水手"10号行星探测器从相距20万千米处拍下了水星的近距离照片，不仔细看几乎和月球照片难以分辨，但仔细看时，会发现水星表面的坑穴比我们看到的月球上的环形山更多更密，后来在深入研究下证实这些坑穴大多是40亿年前极限星撞击形成的。

为了探索水星的秘密，美国国家航空航天局在1973年11月3日发射了"水手"10号行星探测器，前往探测金星和水星。

水星是离太阳
最近的行星

"水手"10号在日心椭圆轨道上和水星有两次较远距离的相遇，拍摄了第一批水星有大量坑穴的照片，拼合起来特别像是半个月球。

从那以后，水星表面的真面目被逐渐地揭开了。

水星的真实面目

"水手"10号拍摄水星表面的照片大约2000张，水星表面有大量的坑穴和复杂的地形都可以清楚地看到。在水星上有一个直径1300千米的巨大同心圆构造，这很可能是一个直径有100千米的陨星冲撞而形成的，它与月球背面东方盆地的情况特别相似。这个同心圆构造位于水星赤道地带，异常炎热，因此用热量单位卡路里给它命名，叫作卡路里盆地。

其中，有的坑穴还像月球上某些环形山具有的辐射状条纹。这有可能是因为小的天体撞击水星时，产生了许多小碎片，一齐飞散到四方而造成的。水星表面具有放射状条纹的坑穴共有100多个。

现在的水星表面一直是平静的，可能过去有过火山活动，现在水星上还可以看到几处貌似火山熔岩形成的平面状地区。

水星还有一个特征，就是它的表面3000~4000米高的断崖地形随处可

水星在几十亿年的演变过程中，表面形成了许多褶皱、山脊和裂缝，另外还有陨石撞击的痕迹

见，有的长达几百千米，这些被认为是水星冷却收缩而形成的。当然，真正的深层原因仍在探索与研究之中。

水星的赤道半径虽然只有地球的2/5，但是密度却和地球差不多，因而可以初步断定构成水星的物质比构成地球物质重。这就使科学家推论，水星中心有一铁镍组成的核心，大小可能和月球相似。

水星也有磁场，大约为地球磁场强度的1%，但比火星的磁场要强许多，这已经是被"水手"10号探测水星时研究出来。谜一般的水星现在已经被我们揭开了不少秘密，进一步的探测还有待于未来。

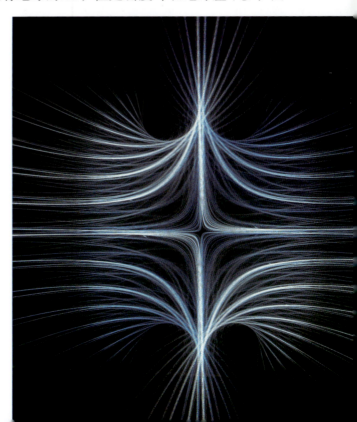

凶猛的
火星尘暴

火星上扬起的尘埃

火星上也有尘暴，影响面特别广。通常情况下，尘暴发起于火星南半球的诺阿奇斯地区。当火星达到近日点时，诺阿奇斯地区接受的热量最多，这就会引起一次大尘暴。因此，按火星绕日周期算，约两个地球年发生一次大尘暴。

1971年，当美国的"水手"9号火星探测器刚刚走了一半的路程时，

星系名片

名称：火星
学名：Mars
分类：行星
直径：6794千米
质量：6.4219×10^{23}千克
逃逸速度：5.02千米/秒

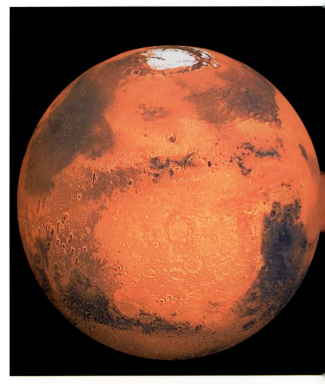

整个火星正被一场大尘暴所包围。火星表面70000~80000米的高空被尘埃笼罩，白茫茫的一片，根本无法观测；除了赤道附近隐约见到4个坑洞外，其他地方模糊一片，什么也看不清。这场特大尘暴竟连续不断地刮了半年时间才渐渐平息下来。这在地球上是从未有过的。

威猛的火星尘暴

火星表面的尘暴，是火星大气中独有的现象，其形状就像一种黄色的云。整个火星一年中有1/4的时间都笼罩在漫天飞舞的狂沙之中。由于火星土壤含铁量甚高，导致火星尘

上图：太阳系由内往外数的第四颗行星——火星

下图：火星上独有的漫天飞舞的尘暴

暴染上了橘红的色彩，空气中充斥着红色尘埃，从地球上看去，犹如一片橘红色的云。

火星上风暴的风速之大是无法形容的。地球上的大台风，风速是每秒60多米，而火星上的风速竟高达每秒180多米。经过几个星期之后，尘暴很快蔓延开来，并从南半球发展到北半球，甚至把整个火星都笼罩在尘暴之中。

形成全球性大尘暴后，太阳对火星表面的加热作用开始减弱，火星上温差降低，尘埃逐渐平息下来，回降到表面，一次长达好几个月的大尘暴就这样结束了。

火星尘暴的成因

火星尘暴是如何形成的呢？一般的解释是太阳的辐射加热起了重要作用，特别是火星运行到近日点，太阳的辐射非常强，引起火星大气的不稳定，使昼夜温差加大，而加热后的火星大气上升便扬起灰尘。

当尘粒升到空中，加热作用更大，尘粒温度更高，这又造成热气的急速上升。热气上升后，别处的大气就来填补，形成更强劲的地面风，从而形成更强的尘暴。这样一来，尘暴的规模和强度不断升级，甚至蔓延到整个火星，风速最高可达每秒180米。由此可见火星尘暴的厉害。

科学家的讨论

火星探测计划的首席科学家、康奈尔大学的史蒂文·斯奎尔斯说："火星尘暴覆盖半个星球的表面并不稀罕，这场尘暴现在还是区域性的。"他表示，目前还不能确定这场尘暴的具体规模，但其直径似乎有数千千米，"绝不是一场小飓风"。实际上"这是我们观测到的火星上最遮天蔽日的尘暴之一"。火星尘暴时有发生，但多半是局部性的。

局部尘暴在火星上经常出现。那是由于火星大气密度不到地球的1%，风速必须大于每秒40~50米才能使表面上的尘粒移动，但一经吹动之后，即使风速较小，也能将尘粒带到高空。典型的尘暴中绝大部分尘粒估计直径约为10微米。最小的尘粒会被风带到50000米高空。

至今，关于火星尘暴形成的原因，还没有统一的说法，还需进一步探索研究。

火星表面发现奇特洞穴

"火星探测轨道飞行器"和"机遇号"分别发现火星表面曾有水以及火星表面7个奇特洞穴可能有地下水的线索。目前，美国科学家借助"奥德赛"火星探测器又在火星上发现了奇特洞穴。

　　美国地质探测局科学家在休斯敦举行的月球和行星科学会议上报告说，他们通过美国宇航局"奥德赛"火星探测器发回的图片，在火星表面辨认出了7个洞穴。

　　这7个洞穴分布在火星阿尔西亚火山的侧面。洞口宽度在100~252米之间。由于洞口基本观测不到洞底，科学家们只能估算出这些洞至少有80~130米深。

　　这些洞穴的发现具有重要意义。首先，如果火星上曾有原始生命形式存在，这些洞穴可能是火星上唯一能为生命提供保护的天然结构。其次，如果条件适宜，这些洞穴将来可能作为人类登陆火星之后的居住点。

| # 最冷的星球——
天王星

天王星的发现

　　天王星是八大行星之一。按太阳系中距离太阳的远近顺序，天王星为第七颗行星。1781年由英国天文学家赫歇耳首次发现。它与太阳的平均距离为28.69亿千米，直径51800千米，平均密度1.24克/立方厘米，自转周期239小时，为逆向自转，表面温度约零下180度。探测显示，天王星为太阳系最冷的星球。

　　天王星在被发现是行星之前，

星系名片

名称：天王星

学名：Uranus

分类：行星

半径：25900千米

质量：$8.6810 \pm 13 \times 10^{25}$ 千克

发现者：威廉・赫歇耳

已经被观测了很多次，但人类都把它当作恒星看待。最早的纪录可以追溯至1690年，英国天文学家约翰·佛兰斯蒂德在星表中将他编为金牛座34，并且至少观测了6次。法国天文学家在1750~1769年也至少观测了12次，英国天文学家威廉·赫歇尔在1781年3月13日位于索美塞特巴恩镇新国王街19号自家的庭院中观察到这颗行星，但在1781年4月26日最早的报告中他称之为彗星。

俄国天文学家估计它至太阳的距离是地球至太阳的18倍，而之前没有彗星曾在近日点4倍于地球至太阳距离之外被观测到。

柏林天文学家约翰·波得描述赫歇尔的发现像是"在土星轨道之外的圆形轨道上移动的恒星，可以被视为迄今仍未知的像行星的天体"。波得断定这个以圆轨道运行的天体比彗星更像是一颗行星。

这个天体很快便被认为是一颗行星。在1783年，法国科学家拉普拉斯证实赫歇尔发现的是一颗行星。赫歇尔本人也向皇家天文学会的主席约翰·班克斯承认这个事实，为此，威廉·赫歇尔被英国皇家学会授予柯普莱勋章。

天王星的运行

天王星每84个地球年环绕太阳公转一周，与太阳的平均距离大约30亿千米，阳光的强度只有地球的1/400。他的轨道元素在1783年首度被拉普拉斯计算出来，但随着时间推移，预测和观测的位置开始出现误差。在1841年约翰·柯西·亚当斯首先提出误差也许可以归结于一颗尚未被看见的行星的拉扯。

在1845年，勒维耶开始独立地进行天王星轨道的研究，在1846年9月23日迦雷在勒维耶预测位置的附近发现了一颗新行星，稍后被命名为海王星。天王星内部的自转周期是17小时又14分，但是，和所有巨大的行星一样，它上部的大气层朝自转的方向可以体验到非常强的风。实际上，在有些纬度，像是从赤道到南极的2/3路径上，可以看见移动非常迅速的大气，只要14个小时就能完整的自转一周。

天王星的对流层

对流层是大气层最低和密度最高的部分，温度随着高度增加而降低，温度从底部大约320千米降低至50千米。在对流层顶实际的最低温度，由行星的高度决定。对流层顶是行星的上升暖气流辐射远红外线最主要的区域，由此处测量到的有效温度是59.1 ± 0.3开。

对流层应该还有高度复杂的云系结构，水云被假设在大气压力50~100

帕，氨氢硫化物云在20~40帕的压力范围内，氨或氢硫化物云在3~10帕，最后是直接侦测到的甲烷云在1~2帕。对流层是大气层内动态非常充分的部分，展现出强风、明亮的云彩和季节性的变化，将会在下面讨论。

天王星的气候

　　与其他的气体巨星，甚至是与相似的海王星比较，天王星的大气层是非常平静的。当旅行者2号在1986年飞掠过天王星时，总共观察到了10个横跨过整个行星的云带特征。有人提出解释，认为这种特征是天王星的内热低于其他巨大行星的结果。在天王星记录到的最低温度是49开，比海王星还要冷，使天王星成为太阳系温度最低的行星。

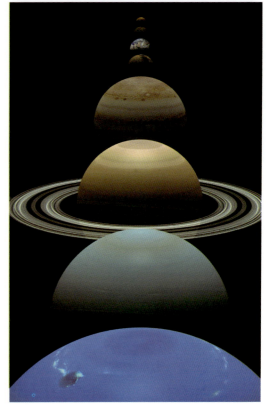

蓝色的星球——
海王星

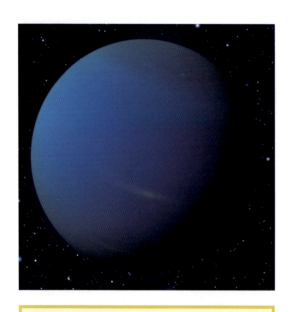

星系名片

名称：海王星
学名：Neptune
分类：行星
直径：49532千米
质量：$1.0247×10^{26}$千克
发现者：奥本·勒维耶、伽勒

气体行星海王星

按太阳系中距离太阳的远近顺序，海王星是第八颗行星，于1846年9月23日发现，计算者为英国剑桥大学的大学生亚当斯，德国天文学家伽勒是按计算位置观测到该行星的第一个人。这一发现被看成是行星运动理论精确性的一个范例。

海王星由于距离遥远，光度暗淡，即使用大型望远镜也难看清其表面细节，因而不能依靠观测表面标志的移动来测定出自转周期。作为典型的气体行星，海王星上呼啸着按带状分布的大风暴或旋风，海王星上的风暴是太阳系中最快的，时速达到2000千米。

海王星的蓝色是大气中甲烷吸收了日光中的红光造成的。尽管海王星是一个寒冷而荒凉的星球，不过科学家们推测它的内部有热源。和土星、木星一样，海王星内部辐射出的能量是它吸收的太阳能的两倍多。由于海王星是一颗淡蓝色的

行星，人们根据传统的行星命名法，称其为涅普顿。涅普顿是罗马神话中统治大海的海神，掌握着1/3的宇宙，颇有神通。

海王星的发现

1612年12月28日，意大利物理学家、天文学家伽利略首度观测并描绘出海王星，1613年1月27日又再次观测，但因为观测的位置在夜空中都靠近木星，这两次机会都让伽利略误认海王星是一颗恒星。

当时海王星在转向退行的位置，由于刚开始退行时的运动还十分微小，以致伽利略的小望远镜察觉不出位置的改变。

1843年，英国数学家、天文学家约翰·柯西·亚当斯计算出天王星运动的轨道，并将计算结果告诉了皇家天文学家乔治·艾里，他问了亚当斯一些计算上的问题，亚当斯虽然草拟了答案但未曾回复。

1846年，法国工艺学院的天文学教师勒维耶以自己的热忱独立完成了海王星位置的推算。

但是，在同一年，英国科学家约翰·赫歇耳也开始拥护以数学的方法去搜寻行星，并说服詹姆斯·查理士着手进行。

海王星是太阳系中离太阳最远的行星

在多次耽搁之后，查理士在1846年7月勉强开始了搜寻的工作；同时，勒维耶也说服了柏林天文台的约翰·格弗里恩·伽勒搜寻行星。当时仍是柏林天文台的学生达赫斯特表示正好完成了勒维耶预测天区的最新星图，可以作为寻找新行星时与恒星比对的参考图。

在1846年9月23日的晚间，海王星被人们发现了，与勒维耶预测的位置相距不到1度，但与亚当斯预测的位置相差10度。事后，查理士发现他在8月时已经两度观测到海王星，但因为对这件工作漫不经心而未曾进一步的核对。

海王星的结构

海王星外观为蓝色，原因是其大气层中的甲烷。海王星大气层85%是氢气，13%是氦气，2%是甲烷，除此之外还有少量氨气。

海王星可能有一个固态的核，其表面可能覆盖有一层冰。外面的大气层可能分层。海王星表面温度为零下218度，表面风速可以达每小时2000千米。

此外，海王星有磁场和极光。还有因甲烷受太阳照射而产生的烟雾。海王星的赤道半径为24750千米，是地球赤道半径的3.88倍，海王星呈扁球形，它的体积是地球体积的57倍，质量是地球质量的17.22倍，平均密度

为每立方厘米1.66克。海王星在太阳系中，仅比木星和土星小，是太阳系的第三大行星。

因为其质量较典型类木行星小，而且密度、组成成分、内部结构也与类木行星有显著差别，海王星和天王星一起常常被归为类木行星的一个子类——远日行星。

在寻找太阳系外行星领域，海王星被用作一个通用代号，指所发现的有着类似海王星质量的系外行星，就如同天文学家们常常说的那些系外"木星"。

海王星大气的主要成分是氢和着较小比例的氦，此外还含有恒量的甲烷。甲烷分子光谱的主吸收带位于可见光谱红色端的600纳米波长，大气

中甲烷对红色端光的吸收使得海王星呈现蓝色色调。

因为轨道距离太阳很远，海王星从太阳得到的热量很少，所以海王星大气层顶端温度只有零下218度。由大气层顶端向内部的温度稳步上升。和天王星类似，星球内部热量的来源仍然是未知的，而结果却是显著的。

作为太阳系最外部的行星，海王星内部能量却大到足以维持太阳系所有行星系统中已知的最高速风暴。对其内部热源有几种解释，包括行星内核的放射热源，行星生成时吸积盘塌缩能量的散热，还有重力波对平流圈界面的扰动。

海王星的内部构成

海王星内部结构和天王星相似。行星核是一个质量大概不超过一个地球质量的由岩石和冰构成的混合体。海王星地幔总质量相当于10~15个地球质量，富含水、氨、甲烷以及其他成分。

作为行星学惯例，这种混合物被叫作冰，虽然它其实是高度压缩的过热流体。这种高电导的流体通常也被叫作水。

大气层包括从顶端向中心的10%~20%，高层大气主由80%氢和19%氦组成。甲烷、氨和水的含量随高度降低而增加。越到内部大气底端温度越高，密度越大，进而逐渐和行星地幔的过热液体混为一体。

海王星内核的压力是地球表面大气压的数百万倍。通过比较转速和扁率可知海王星的质量分布不如天王星集中。

海王星的行星环

这颗蓝色行星有着暗淡的天蓝色圆环，但与土星比起来相去甚远。当这些环由以爱德华为首的团队发现时，曾被认为也许是不完整的。然而，"旅行者"2号的发现表明并非如此。

这些行星环有一个特别的"堆状"结构其起因目前不明，但也许可以归结于附近轨道上的小卫星的引力相互作用。认为海王星环不完整的证据首次出现在20世纪80年代中期，当时观测到海王星在掩星前后出现了偶尔的额外"闪光"。

　　"旅行者"2号在1989年拍摄的图像发现了这个包含几个微弱圆环的行星环系统，从而解决了这个问题。最外层的圆环——亚当斯，包含三段显著的弧。

　　弧的存在非常难于理解，因为运动定律预示弧应在不长的时间内变成分布一致的圆环。目前认为，环内侧卫星海卫六引力作用束缚了弧的运动。

　　"旅行者"的照相机还发现了其他几个环。除了狭窄的、距海王星中心63000千米的亚当斯环之外，勒维耶环距中心53000千米，更宽、更暗的伽勒环距中心42000千米。勒维耶环外侧的暗淡圆环被命名为拉塞尔；再往外是距中心57000千米的Arago环。

　　2005年新发表的在地球上观察的结果表明，海王星的环比原先以为的更不稳定。凯克天文台在2002年和2003年拍摄的图像显示，与"旅行者"2号拍摄时相比，海王星环发生了显著的退化。有的环也许在一个世纪左右就会消失。

海王星的研究

　　由于旅途遥远，地球仅有一艘宇宙飞船旅行者2号于1989年8月25日造访过海王星。当日，"旅行者"2号到达距海王星最近的地点。因为这是"旅行者"2号飞船所要飞临的最后一个主要行星，也就没有后续轨道限制了，它的轨道非常接近卫星海卫一，正如"旅行者"1号飞越土星和它

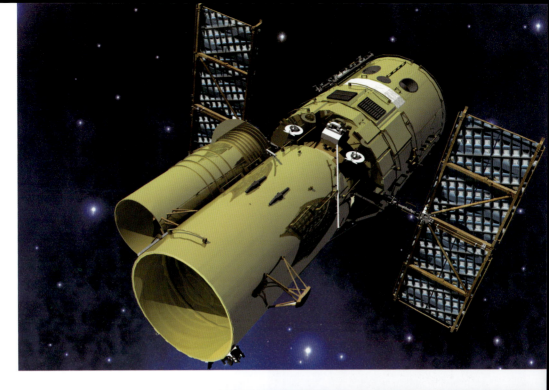

的卫星土卫六时所选择的
轨道那样。

　　这次探测发现了大黑
斑，但后来用哈勃太空望
远镜观察海王星时发现大
黑斑已经消失。大黑斑起
初被认为是一大块云，而
据后来推断，它应该是可
见云层上的一个孔洞。

　　"旅行者"2号还飞向海
卫一进行了考察，发现海
卫一确是太阳系中唯一一
颗沿行星自转方向逆行的

大卫星，也是太阳系中最冷的天体。它比原来想象的更亮、更冷和更小，
表面温度为零下240度，部分地区被水冰和雪覆盖，时常下雪。上面有3座
冰火山，曾喷出过冰冻的甲烷或氮冰微粒，喷射高度有时达32千米。海卫
一上可能存在液氮海洋和冰湖，到处都有断层、高山、峡谷和冰川，这表
明海卫一上可能发生过类似的地震。海卫一上有一层由氮气组成的稀薄大
气层，它的极冠被冻结的氮形成一个耀眼的白色世界。

Tai Kong
Liu Lang Zhe
Hui Xing

太空流浪者——彗星

彗星为何引人注目

　　20世纪末，全世界天文爱好者开始翘首以待，用期待又兴奋的心情迎接两个回归的彗星明星，即先有1996年的百武彗星，后有1997年的海尔波普彗星闪亮登场。

　　彗星为什么如此引人注目呢？首先是它的奇异的形状，毛茸茸的彗头中间嵌着闪光的彗核，拖着又长又透亮的彗尾；其次彗星突然出现，来也匆匆，去也匆匆，有的则从遥远的行星际尽头奔向太阳，随后又扬长而去，长久不归，如同浪迹太阳系的漂泊者。

埃德蒙·哈雷的观测

　　埃德蒙·哈雷曾担任过格林尼治天文台台长。1682年，他通过分析观测记录，1531年、1607年和1682年的3颗彗星在出现方法、运行轨道和时间间隔上有着惊人的相似之处，遂于1705年断定这几颗彗星是同一颗彗星的反复出现，并预言这颗彗星将在1758年再度出现在空中，并

且每隔76年将出现一次。

后来，哈雷的预言得以证实，该彗星在1758年的圣诞之夜果然再次回归，遗憾的是，哈雷已于16年前与世长辞，无缘与他会面了。

为纪念哈雷的功绩，从此，这颗彗星就被正式命名为"哈雷彗星"，这也是人类第一次预报归期的彗星。

星系名片

名称：彗星

学名：Comet

别称：扫帚星

分类：彗星

轨道倾角：椭圆、抛物线、双曲线

哈雷彗星的回归

20世纪哈雷彗星有两次回归，第一次是1910年5月，地球在哈雷彗星庞大的尾巴中逗留了好几个小时，亮度如同火星，让人大饱眼福。

第二次，1985~1986年，就远不如上次壮观，直至1986年3月和4月，人们才在南半球上空一睹其尊容。哈雷彗星每76年才回归一次，绝大部分时间深居在太阳系的边陲地区，即使用现代最大的望远镜也难以搜寻到它的身影。

地球上的人们只有在它回归内的三四个月时间能够见到它。

彗星是个脏雪球

1986年，天文学家已经认识到，彗星实际上是一个由石块、尘埃、甲烷、氨所组成的冰块。彗核外表酷似一个深黑色的长马铃薯，就像一个脏雪球。

这样的小个子，远离太阳时在地球上是无法辨认的，当这个脏雪球飞向太阳时，太阳的加热作用使其表面冰蒸发升华成气体，与尘埃粒子一起围绕彗核成为云雾状的彗发和核，合称彗头。彗发又使阳光散射，便形成星云般淡光的长长彗尾。

这时，彗头直径可达几十万千米，彗尾长达几千万千米，变得好似庞然大物，但质量却小得出奇，绝大部分集中于彗核，只到地球质量的1/10亿。

天空稀客、常客、过客

彗星可分为沿椭圆形轨道运动的周期彗星，以及沿抛物线和双曲线轨道运动的非周期彗星。

周期彗星循着轨道周期性回到太阳附近来，只有在这时才显得亮，我们在地球上才容易发现它。哈雷彗星是短周期彗星的代表，它的周期是76年，下次它来到太阳附近将是21世纪60年代，2061年将会出现。

最短的是恩克彗星，周期3.3年，从1786年发现以来，已出现过50多次，算是常客了。而非周期彗星就可以算是

在太空内自由
遨游的彗星

太阳系的过客，它们可能沿着双曲线和抛物线从遥远的太阳系深处来，在太阳这儿打个弯，又不知跑到哪处天涯海角去了。

掠日彗星

美国一颗专门观测太阳的人造卫星记录到：1977年8月30日，一颗彗星撞到太阳！这是人类第一次发现的彗星与太阳相撞。天文学家认为，这颗与太阳相撞的彗星是掠日彗星族中的一颗。

300年来，天文学家只观测到8颗这一族的彗星。因为它们都是以很近的距离像燕子掠过水面似的掠过太阳表面，所以称为"掠日彗星"。

最早的一颗"掠日彗星"是1680年发现的，它以每秒530千米的高速在离太阳表面只有23万千米处穿过。

离太阳最近的是1963年发现的一颗彗星，它在离太阳表面只有60000千米处飞过。

太阳直径是139万千米，这个彗星离开太阳只有60000千米，它简直是擦边而过，实在是惊险的历程！

实际上还有许多掠日彗星没有被地面上的人们发现，这是因为太阳光太亮，以致很难观测到距离太阳很近的彗星。

1977年，这颗与太阳相撞的彗星如以卵击石般在太阳身上撞了个粉碎，而太阳却毫不在乎，我行我素，继续照耀亿万年。

2011年10月9日，一颗罕见的巨型掠日彗星撞击了太阳，闪光照亮了夜空。一个在轨道上运行的探测器在撞击发生前7小时捕获了这颗正高速冲向太阳的彗星的实时画面。

随后，当这颗彗星一头扎进太阳的熊熊烈焰之后，太阳表面随即发生一次X级耀斑爆发，大量带电粒子穿透日冕冲入太空，如节日的烟火般照亮宇宙夜空。

这颗彗星是在2011年9月30日，由地面业余彗星观测者发现的。它在冲入太阳时发生了分裂，非常壮观。

太阳和太阳风层探测器抓拍到了撞击发生前数小时的画面，但是最后的场面却被一场出乎意料的剧烈太阳爆发淹没了。

奇特的
土星环

土星环是什么

　　土星环是指延伸到土星以外辽阔的空间，土星最外环距土星中心有10~15个土星半径，土星光环宽达20万千米，可以在光环面上并列排上10多个地球，如果拿一个地球在上面滚来滚去，其情形如同皮球在人行道上滚动一样。

　　主要的土星环宽度48~30.2万千米，以英文字母的头7个命名，距离土星从近到远的土星环分别以被发现的顺序命名为D、C、B、A、F、G和

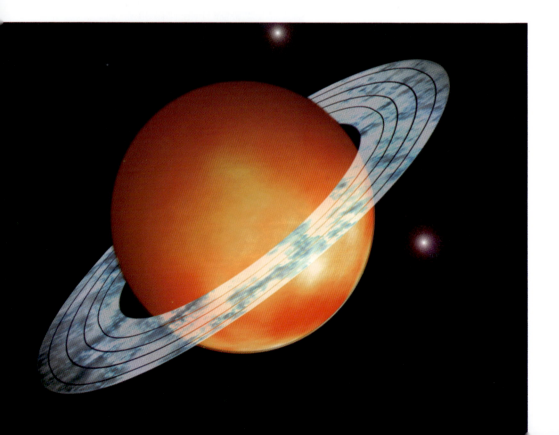

E。土星及土星环在太阳系形成早期已形成，当时太阳被宇宙尘埃和气体所包围，最后形成了土星和土星环。

奇异的土星光环位于土星赤道平面内，与地球公转情况一样，土星赤道面与它绕太阳运转轨道平面之间有个夹角，这个27度的倾角，造成了土星光环模样的变化。

我们会一段时间"仰视"土星环，一段时间又"俯视"土星环，这时候的土星环像顶漂亮的宽边草帽。另外一些时候，它又像一个平平的圆盘，或者突然隐身不见，这是因为我们在"平视"光环，即使是最好的望远镜也难觅其芳踪。

星系名片

名称：土星

学名：Saturn

分类：行星

直径：120660千米

质量：95.16（地球为1）

逃逸速度：35.6千米/秒

土星环的发现

1610年，意大利天文学家伽利略观测到在土星的球状本体旁有奇怪的附属物。1659年，荷兰学者惠更斯证认出这是离开本体的光环。

1675年，意大利天文学家卡西尼发现土星光环中间有一条暗缝，后称卡西尼环缝。他还猜测，光环是由无数小颗粒构成。两个多世纪后的分光观测证实了他的猜测。但在这200年间，土星环通常被看作是一个或几个扁平的固体物质盘。

直至1856年，英国物理学家麦克斯韦从理论上论证了土星环是无数个小卫星在土星赤道面上绕土星旋转的物质系统。

1979年9月1日，"先驱者"11号飞临土星，实现了人们对土星的近距离探测。

天文学家说，它所发回的大量照片和数据使我们对土星的了解更加透彻。它发现了土星的两道新光环，发现了土星的新卫星和磁场。

为了对宇宙进行深入考察，继"先驱者"11号之后，于1977年8月20日和1977年9月5日美国又先后发射了"旅行者"2号和"旅行者"1号两艘飞船，继续对土星进行考察。

另外，由于轨道设计巧妙，它在飞向土星的途中，还分别飞临土卫六、土卫三、土卫一、土卫二、土卫四和土卫五，并于1980年11月13日，在距土星12.4万千米处掠过土星，再一次对土星进行了深入的科学探测，送回了10000多张照片以及各种数据。

从这些新的信息中，又有了惊人的新发现，使关于土星的教科书重新改写。

有些科学家风趣地说，我们得到的关于土星的知识比以前的整个人类历史上所得到的还要多很多。

最近，天文学家通过美国国家航空航天局"斯皮策"太空望远镜观测到土星"超级尺寸"的环状结构，之前他们未曾探测到。经测量该环状结构的垂直高度为土星直径的20倍，而土星的直径是地球的9倍，这个神秘的环状结构可以容纳10亿颗地球。

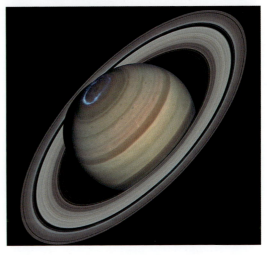

光环是怎样形成的

凡是用望远镜观看过土星的人，都会为它美丽的光环所吸引。淡黄的像橘子似的星体围绕着发出白色柔和的光环，使人不得不惊叹大自然的绚丽多姿。

是什么构成这美丽而壮观的光环的呢？它们是固体的还是由许多粒子组成的？

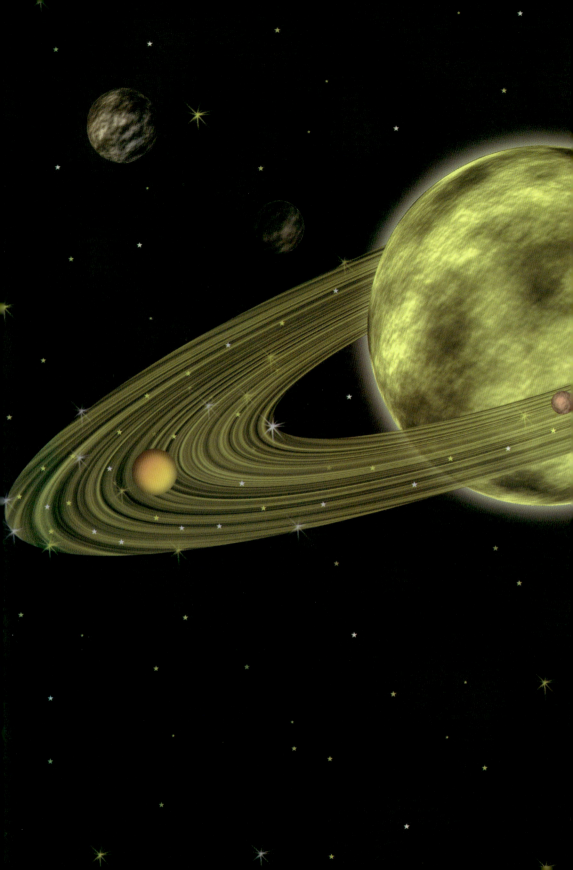

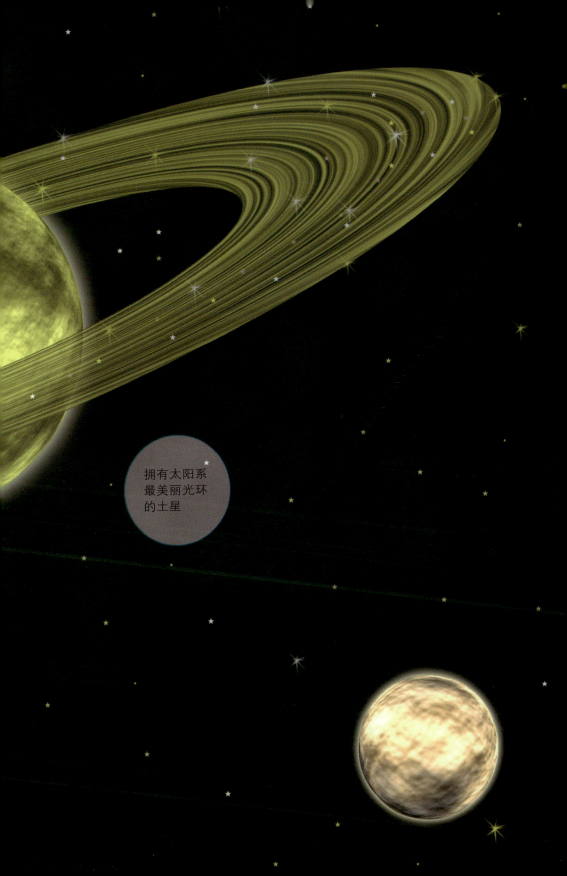

拥有太阳系
最美丽光环
的土星

20世纪初，天文学家开勒尔将光环构造之谜破解了。

根据开勒尔的测量，土星光环内缘的速度比外缘的速度要大，说明光环不是由固体组成的而是由许多冰冻的颗粒状小天体组成的。

它们大小悬殊，大的可达几十米，小的不过几厘米或者更微小。那么，它们是一个挨一个均匀地单层排列着，还是各种粒子互相重叠形成多层的排列呢？"旅行者"1号为我们提供了关于土星光环的新形象。

它发现，光环平面内有数百或数千条大小不等的同心环，而且环中有环，看起来就像是唱片上的纹路一样。大多数的环是光滑匀称的，不过也有些是锯齿形的，有些呈辐射状，还有些像发辫那样互相扭结在一起，令人眼花缭乱。"旅行者"1号的探测再次证明，土星光环是由无数大小不

等的粒子组成的，粒子直径在几厘米至几米之间。这些粒子以惊人的速度围绕着土星旋转，并且还发出功率很强的无线电信号。

土星表面被浓密的氢气云所笼罩，从地球上用望远镜望去，土星表面有些明暗交替的条带，这是土星上的气流形成的。偶尔出现的白色斑点，可能是土星风暴。

"旅行者"1号发回的照片向我们揭示土星表面特征极其丰富多彩，既有斑点、晕圈，又有盘旋着的金色丝带以及漩涡状的棕黄色、黄色、橘红色、褐色的带状物，充分表现出土星表面气流翻滚、风暴迭起的剧烈活动情景。

太空迷宫突围 █

金星是
启明星吗

金星是天空最亮的星

　　金星是除太阳外最亮的星，比著名的天狼星还要亮14倍，天狼星是除太阳外地球能够看到的最亮的恒星，它就像一颗耀眼的钻石，常镶嵌在湛蓝的天空。所以，古希腊人称它为爱与美的女神，而罗马人则称它为维纳斯。

　　金星和水星一样，是太阳系中仅有的两个没有天然卫星的大行星之一。因此，金星上的夜空中没有"月亮"，在金星上能够看到的最亮的"星

星"只有地球。由于离太阳比较近，所以在金星上看太阳，太阳的大小比地球上看到的大一倍半。

金星的质量和大气

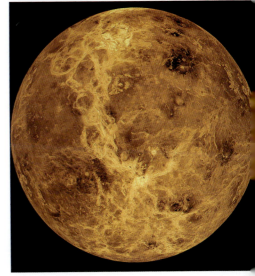

从结构上看，金星和地球有不少相似之处。金星的半径约为6073千米，只比地球半径小300千米，体积是地球的0.88倍，质量为地球的4/5，平均密度略小于地球。

虽说如此，但两者环境却有天壤之别：金星表面温度很高，不存在液态水，加上极高的大气压力和严重缺氧等残酷的自然条件，金星存在生命的可能性极小。

金星周围有浓密的大气和云层。只有借助于射电望远镜才能穿过这层大气，看到金星表面的本来面目。金星大气中，二氧化碳最多，占97%以上。同时还有一层厚达20000~30000米的由浓硫酸组成的浓云。

金星自转方向

金星表面温度高达465度~485度，大气压约为地球的90倍，这种气压相当于人类在地球900米深海中的压力。

金星自转方向跟天王星一样，但与其他行星相反，是自东向西。因此，在金星上看，太阳是西升东落。

金星绕太阳公转的轨道是一个很接近正圆的椭圆形，偏差不超过一度，并且与黄道面接近重合，其公转速度约为每秒35000米，公转周期约为224.70天。

但其自转周期却为243日，也就是说，金星的自转恒星日一天比一年还长。不过按照地球标准，以一次日出到下一次日出算一天的话，则金星上的一天要远远小于243天。这是因为金星是逆向自转的缘故；在金星上看日出是在西方，日落在东方；一个日出到下一个日出的昼夜交替只是地球上的116.75天。在地球上看金星与太阳的最大视角不超过48度，因此金星不会整夜出现在夜空中。

我国民间称黎明时分的金星为启明星，傍晚时分的金星为长庚星。金星逆向自转现象有可能是很久以前金星与其他小行星相撞而造成的，但是现在还无法证明。除了这种不寻常的逆行自转以外，金星还有一点不寻常。金星的自转周期和轨道是同步的，这么一来，当两颗行星距离最近时，金星总是以同一个面来面对地球。这可能是潮汐锁定作用的结果，当两颗行星靠得足够近时，潮汐力就会影响金星自转。当然，也有可能是其他未知的原因。

金星上有海洋吗

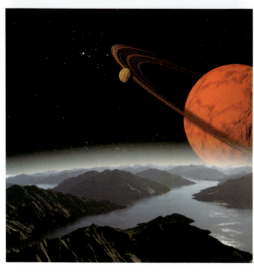

金星上有海洋的猜想

一直以来，人们都认为金星是地球的"孪生姐妹"。它的大小、质量和密度都与地球相近，有着很厚的大气。现在看来，金星的表面是一片炽热的、没有任何生命的荒原。

1982年3月，苏联行星探测器"金星"13号和"金星"14号的着陆器成功地降落到金星上，对金星表面土壤进行直接化学分析，才迈出了探测金星新的一步。

关于金星，曾有过许多猜想。有人认为金星的表面是一片汪洋，有人认为是石油海，天体植物学者则说金星表面适合于生物生存等，真是众说不一。因为它的真面目用厚厚的云层遮盖着。用光学方法无法穿透这块"蒙头纱"。

金星的真实风貌

由于探测器发回了全景图

像，人们才了解到，藏在浓云后面的原来是一个没有生命的世界。那里温度高达450度，借助于雷达，通过几年的努力，科学家才绘制出了金星的地形图。

从地形图上看出，金星表面2/3是丘陵地，高度达2500米以上，上面有许多的火山口；另外的部分是高原，深谷纵横交错，这里温度低于50度。平坦低地约占表面的30％，看起来非常像月海。

金星表面风速特别小，每秒都在1米以内，但这并不意味着它根本不存在。计算和模拟试验表明，如果在金星和地球上扬起一样多的灰尘，那么，在金星上所需的风力仅为地球的1/10。

金星的天空总是橙黄的，从未出现过蓝色。因为它的大气密度太高，使得紫色、蓝色和淡蓝色光线都散射掉了，甚至连山岩，石头也是橙黄色的。

金星上的岩石是什么

这些橙黄色的岩石是由什么组成的？与地球上的岩石有什么区别？

金星表面全是干燥的丘陵和山岩

这一类问题，从照片上当然不可能得到解答。

在"金星"8号，"金星"9号和"金星"10号的着陆点，通过辐射探测，成功地测出了岩石中所含的放射性元素，也就是钾、铀和钛。发现金星上也许存在放射强度与地球上的玄武岩和花岗岩相似的岩石。

金星有含硫的矿石。所以它没有冬夏，没有雨雪，非常有可能是硫的循环造成的。金星厚达25000米的云层可能就是硫酸雨滴组成的。含有硫的气体是行星二氧化碳大气的重要组成部分，而表面岩层中又含有大量的硫。这究竟是物质循环的环节？还是偶然的巧合？目前还无法下结论。

金星大气干燥吗

金星大气是否特别干燥，也存在各种争论。"金星"13号和"金星"14号测出靠近金星表面的大气层含水蒸气大约不超过0.002%，这就绝对推翻了金星上可能有海的推论。

金星表面没有一滴水珠，甚至连水分子也几乎没有，炽热的大气接触表面岩石，使岩石的化学成分发生改变，通过"金星"13号和"金星"14

号的考察，明白了金星上最多的是玄武岩，而且地区不同，成分也不同。

通过对金星土壤分析得出：玄武岩的火山活动是行星外壳长期演化不可缺少的一环。

金星玄武岩的成分硅、铝、铁等与地球的相似，说明了太阳系所有行星的演化特征。总之，争论还在还在继续。

| # 火星上
是否有生命

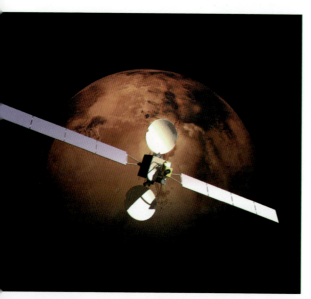

关于生命存在的争论

火星的外表虽然伤痕累累，却已经有许多科学家认为：火星地表之下，有可能生存着最低级的、类似细菌或病毒的微生物有机体。

另一些科学家虽然感觉到火星上现在根本不存在生命，但并不排斥有这样一种可能性，那就是在某个极为遥远的古老时期，火星很可能曾经出现过"生物繁盛"的时代。

关于这个问题的争论范围不断扩展。其中的一个关键因素就是：从作为陨石到达地球的火星碎片或岩石当中，是否找到了一些可能存在过的微生物化石，是否找到了生命过程的化学证据。

生命的烙印

火星上干涸的河床构造是否表示火星曾有过生命存在？研究专家吉尔伯特·莱文却不这么认为。他为此进行了"放射性同位

素跟踪释放"实验，而这个实验则显示出了准确无误的积极读数。

1996年8月，美国国家航空航天局宣布，他们在编号ALH8400的火星陨石中，发现了微生物化石的明显遗迹。这时，莱文公布了实验结果。美国国家航空航天局公布的证据，支持了莱文本人的观点，即这颗红色星球上一直存在着生命，尽管那里的环境极为严酷："生命比我们所想象的要顽强。在原子反应堆内部的原子燃料棒里发现了微生物；在完全没有光线的深海里，也发现了微生物。"

英国欧佩恩大学行星科学教授柯林·皮灵格也同意这个观点。他说："我完全相信，火星上的环境曾一度有利于生命的产生。"

他还指出，"有的试验证明，在150度高温里也有生命形式存在。你还能找到多少比生命更顽强的东西呢？"

生命存在的证据

　　2013年3月初，美国国家航空航天局"好奇"号火星车发现火星岩石中存在含水矿物质的可靠证据，该岩石样本位于之前"好奇"号挖掘发现黏土层的邻近位置。"好奇"号科学小组宣称，科学家对该火星车挖掘的泥岩岩石粉末样本分析表明，火星远古时期的环境状况适宜微生物生存。3月18日，美国德州月球和行星科学会议发布的一份新闻简报证实了另一项发现，表明挖掘地点之外的区域也存在着含水物质。研究人员使用"好奇"号火星车上的红外观测相机，以及能够释放中子至火星表面的勘测仪器，他们发现之前"好奇"号抵达的含黏土岩层地点邻近区域也存在着更多的水合矿物质。科学家们认为，没有液态水，任何地方都不可能萌发生命。假如这是正确的，那么，火星过去和现在存在着生命的证据。

　　科学发现和实验表明：生命能够在任何环境下繁衍，至少在地球上是如此。在地球上，休眠的微生物被琥珀包裹了数千万年而保存下来。1995年，美国加利福尼亚州的科学家曾经成功地使这些微生物复活，并把它们放在了密封的实验室里。另外一些有繁殖能力的微生物有机体，已经从水晶盐当中被分离了出来，它们的年龄超过了两亿年。

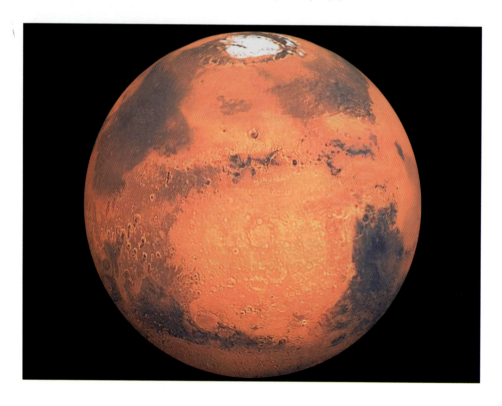

科学家的继续探索

随着美国国家航空航天局对火星的继续探索，科学家们相信，火星和地球之间存在交叉感染的情况是极为可能的。的确，早在人类开始太空飞行时代很久以前，可能就已经发生过这种交叉感染的情况了。

因为来自火星表面的陨石会落到地球上，同样，有人认为因小行星的撞击而从地球飞溅出去的岩石有时也必定会到达火星。

可以想象得出，地球上的生命本身就有可能是由火星陨石携带过来的，反之也是如此，生命体也可能被从地球上带到火星。火星上到底有没有生命？也许，直至人类的脚印踏上火星之前，它永远不会有一个明确的答案。

Tian Wang Xing
Ye You
Huan Dai Ma

天王星
也有环带吗

探测天王星的历程

1977年8月20日，"旅行者"2号太空船发射升空，它的使命是为了探测天王星。

1986年1月24日，"旅行者"2号在8年的漫长岁月和48亿千米的长途跋涉之后，才从距离天王星的最近点飞过。

为能接收来自"旅行者"2号上的微弱电波，美国国家航空航天局把位于澳大利亚堪培拉的64米天线与澳大利亚帕克斯天文台的64米天线联机工作，以提高整个深空跟踪网的接收能力。

天王星环带的发现

　　1977年3月10日，出现了天王星掩
恒星的罕见天象。各国天文学家都对此
进行了深入研究，结果意外地发现天王
星也有环带。

　　此后，天文学家利用13次天王星掩
恒星的机会，对天王星的环带进行了多
次研究和反复调查。"旅行者"2号飞
抵天王星之前，天文学家确认天王星共
有9个环带。

　　后来，"旅行者"2号在成功地拍
摄了天王星光环的同时，还详细考察了
已知的5颗卫星，并同时发现了10颗新
的卫星，送回许多令人叹为观止的精彩
照片。从这些照片上看，这5颗老卫星

的地貌多彩多姿，可称得上是太阳系中固体天体表面地形的缩影。

　　天王星环绕太阳公转的姿态非常特别，它的赤道面与轨道面的倾角是
97°55′，因此在天王星的一年，相当于84个地球年中太阳光轮流照射在
它的南极和北极。

海王星上
有火山吗

海王星的英姿

在海王星被发现后的143年中，尽管天文学家们采用了高倍望远镜，仍对它无法进行深入了解。

1989年8月，宇宙飞船"旅行者"2号从距离海王星云端4800千米的地方飞过，改变了这种状况。通过"旅行者"2号从44.8亿千米的远方发回的照片，人们终于看清了海王星的英姿。从此，人们才知道，海王星经常有风暴活动。它有3个光环，也就是卫星与小行星碰撞的古老遗迹。它有8颗卫星，其中一颗此刻正在从冰火山中喷出液态氮的泡沫。

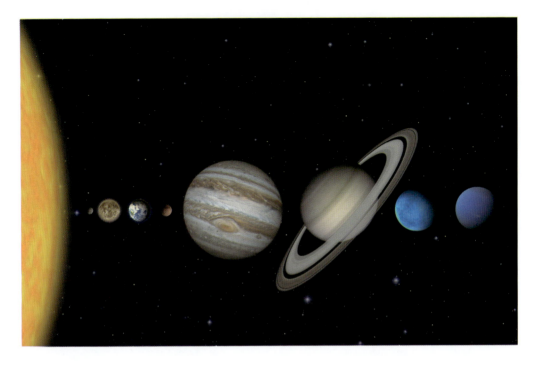

海王星的发现

其实，在很久以前两位数学家用纸和铅笔就"发现"了海王星。根据天王星的奇异轨道，亚当斯和勒威耶各自预测存在着一个新的行星。他们计算出，在更远的地方有一个大的重力源作用于天王星，使它的速度时快时慢，就如被钓上来的鱼在线上蹦跳一样。

但天文学家都不相信这两位数学家的发现，因此也没去寻找这个新行星。1846年，勒威耶把他的图纸寄给了一位名叫伽勒的年轻德国天文学家。就在那天晚上，伽勒在夜空中观测到了这个蓝色的行星。

巨大的风暴

1989年8月，"旅行者"2号从海王星旁边飞过。在这之前的几个月，"旅行者"2号的照相机就可以

太阳系中蔚蓝
色的海王星

拍摄到海王星的详细情况。

这些情况从地球上是无法看到的。海王星上有种巨大鹅卵形风暴，直径大约1.28万千米，看上去犹如蓝色海王星的一只大眼睛，科学家们称之为"大黑斑"。在这个风暴的眼里，直径640千米的"雨果号"飓风只是一个斑点而已。不过这种风暴并不是海王星独有。"旅行者"2号发现，木星和土星上的此种风暴更大而且更为强烈。

这种风暴天气让科学家们感到兴奋，他们了解到，这些行星在气象方面是活跃的。

海王星卫星

让科学家感到欣慰的是，"旅行者"2号共发现了6颗海王星的新卫星照片，使海王星的卫星总数增加到8颗。海卫一是海王星最大的一颗卫星，也是"旅行者"2号照相机拍摄的主要目标。

从科学家们观测到的情况来看，海卫一曾经是一个行星。这种说法的主要证据是，海卫一是唯一一颗沿着与其母行星运行方向相反的轨道运行的大卫星。在整个太阳系里没有一颗大卫星这样逆行。

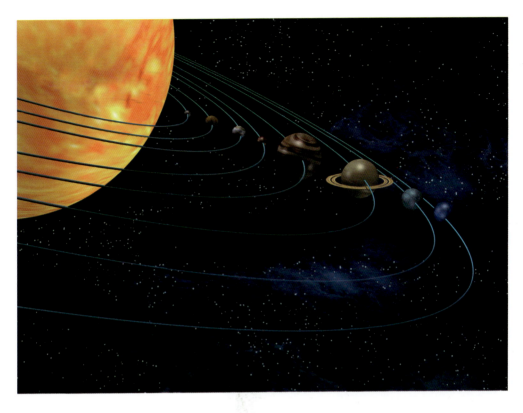

海卫一上的冰火山

　　海卫一上的陨石坑也特别少，表明海卫一地质活跃。由冰覆盖的表面部分溶解后又重新冻结，将一些最大最老的陨石坑都覆盖了。从"旅行者"2号发回的照片中，可以看出"海卫一"上有活的冰火山。

　　但这些冰火山不像地球上的火山那样喷出赤热的岩浆，而是喷出液态氮。当液态氮到达极其寒冷的表面时，马上被冻结成冰晶射流，高达8000米。

　　这股射流遇到海卫一大气的微风后，就形成风吹的条纹，落回到海卫一的表面。所有的这些都只是猜测，它是否正确，最终只能靠人类的科学去下定论。

太阳系的矮星是什么

矮星

矮星是指像太阳一样的小主序星，如果是白矮星，就是像太阳一样的一颗恒星的遗核，而褐矮星则没有足够的物质进行熔化反应。

黑矮星

黑矮星是类似于太阳大小的白矮星继续演变的产物，其表面温度下降，即会停止发光发热。原指本身光度较弱的星，现专指恒星光谱分类中光度级为V的星，等同于主序星。

光谱型为O、B、A的矮星称为蓝矮星，如织女、天狼星；光谱型为F、G的矮星称为黄矮星(如太阳)；光谱型为K及更晚的矮星称为红矮星，如南门二乙星。

由于一颗恒星形成至演变为黑矮星的生命周期比宇宙的年龄还要长，因此现时的宇宙并没有任何黑矮星。

假如现时的宇宙有黑矮星存在的话，侦测它们的难度也极高。因为它们已停止放出辐射，即使有也是极微量的，并且多被宇宙微波背景辐射所遮盖，因此侦测的方法只有使用重力侦测，但此方法对于质量较小的星效用不大。

不过，白矮星、亚矮星、黑矮星则另有所指，并非矮星。物质处在简并态的一类弱光度恒星"简并矮星"也不属矮星之列。

黑矮星则是理论上估计存在的天体，指质量大致为一个太阳质量或更小的恒星最终演化而成的天体，它处于冷简并态，不再发出辐射能；也有专指质量不够大，即小于约0.08个太阳质量，已没有核反应能源的星体。

白矮星

白矮星是一种低光度、高密度、高温度的恒星。因为它的颜色呈白色、体积比较矮小，因此被命名为白矮星。白矮星属于演化到晚年期的恒星。恒星在演化后期，抛射出大量的物质，经过大量的质量损失后，如果剩下的核的质量小于1.44个太阳质量，这颗恒星便可能演化成为白矮星。

对白矮星的形成也有人认为，白矮星的前身可能是行星状星云，是宇宙中由高温气体、少量尘埃等组成的环状或圆盘状的物质，它的中心通常都有一个温度很高的恒星，就是中心星的中心星，它的核能源已经基本耗尽，整个星体开始慢慢冷却、晶化，直至最后"死亡"。

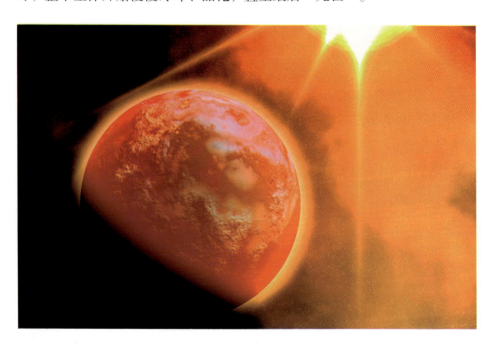

红矮星

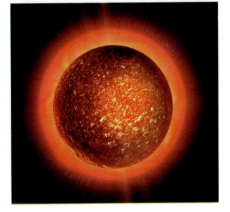

根据赫罗图，红矮星在众多处于主序阶段的恒星当中，其大小及温度均相对较小和低，在光谱分类方面属于K或M型。它们在恒星中的数量较多，大多数红矮星的直径及质量均低于太阳的1/3，表面温度也低于3500开。释出的光也比太阳弱得多，有时更可低于太阳光度的1/10000。

又由于星体内部的氢元素核聚变的速度缓慢，因此它们也拥有较长的寿命。红矮星的内部引力根本不足把氦元素聚合，也因此红矮星不可能膨胀成红巨星，而逐步收缩，直至氢气耗尽。

也因为一颗红矮星的寿命可多达数百亿年，比宇宙的年龄还长，因此现时并没有任何垂死的红矮星。

人们可凭着红矮星的悠长寿命，来推测一个星团的大约年龄。因为同一个星团内的恒星，其形成的时间都差不多，一个较年老的星团，脱离主序星阶段的恒星较多，剩下的主序星之质量也较低，如果人们找不到任何脱离主序星阶段的红矮星，间接证明了宇宙年龄的存在。

Yue Qiu
De
Xing Cheng Zhi Mi

月球的
形成之谜

月球形状不规则

月球不是规则的球形，而是两极直径略小于月球赤道直径的天体。仔细观察月球形状，我们会发现它好像被人用拇指和食指捏住两极"挤"过一样。

早在18世纪末，法国数学家皮埃尔·西蒙·拉普拉斯就注意到，形状不规则的月球自转时会发生"颤抖"。

月球赤道直径约3476千米，是地球的3/11。体积只有地球的1/49，质量约7350亿亿

星系名片

名称：月球

学名：Moon

分类：卫星

质量：7.349×10^{22}千克

逃逸速度：2.4千米/秒

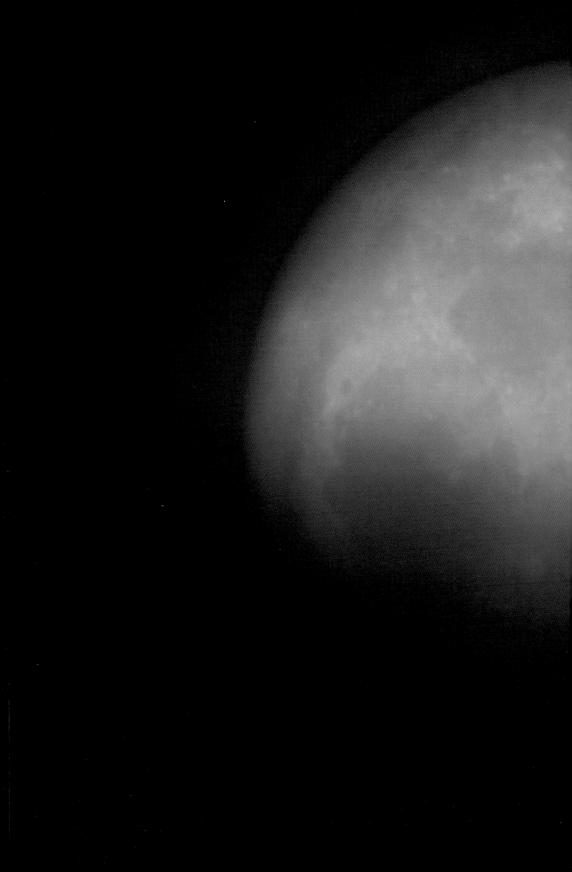

美丽的地球卫
星——月亮

吨，相当于地球质量的1/81，月面的重力差不多相当于地球重力的1/6。

月球形状不规则的程度较轻微。但参照月球27天7小时43分钟11.5秒的自转周期，赤道直径与两极直径的长度差异仍比理想值大了一些。

20世纪60~70年代，太空探测器发现，处于月球与地球地心连线上的月球半径被拉长，也就是说，如果沿赤道把月球分成两半，截面不是正圆，而是像橄榄球一样的椭圆，"球尖"指向地球。

但迄今为止无人能就月球当前形状的成因给出完全令人信服的解释。

科学的探索

时代发展至当今社会，科学知识的普及已经使当代人对月球有了正确的认识。

天文望远镜的诞生，使人类第一次有幸目睹了月球的表象，看到了月球表面上的山峰和土地，于是，便开始了对月球的科学研究。人造卫星上天，宇宙飞船的研制成功，打开了从地球通向月球的路，开始了人类天文研究的新纪元。

1969年的7月16日，在美国的佛罗里达半岛上的肯尼迪宇航中心站人潮汹涌，欢声雷动，来自世界各地的科学家和观光的人们正万分激动地等待着划时代时刻的到来，即人类首次登月航行开始点火。

7月20日下午4时17分，人类终于完成了这一划时代的伟大创举，千百年来人们登月的梦想变成了生动的现实。

宇航员阿姆斯特朗小心翼翼

地爬出舱门，一步一歇地走下来，因重力小，他用了3分钟的时间才走完9个梯级。他向月球表面迈出了历史性的第一步，非常激动地向全世界宣告："对一个人来说，这是一小步。对人类来说，这是一大步。"

之后，人类又先后多次登上月球并在月球上设置了科学站，进行各种考察试验。2013年12月15日，随着我国成功将由着陆器和"玉兔"号月球车组成的"嫦娥"3号探测器送入月球表面并传回照片，表明我国也正式进入了对月球的近距离研究行业。

月球形成的假说

随着人们对月球认识的不断深入，月球展示出了更多的谜团。最令人不解的是月球的形成。根据研究结果发现，月球从诞生至现在已有45亿年历史，与地球同样古老。这45亿年的月球是怎样形成的？目前，主要有5种假说被较多的人接受。

首先是分裂说。月球原为地球的一部分，早期地球还处于熔融状态，由于旋转太快，在赤道附近鼓了起来，越鼓越大，有部分向外凸出，最后断裂脱离，形成了月球。

其次是俘获说。认为月球原是一个绕太阳公转的小行星，在30亿~40亿年前，因靠近地球，被地球引力俘获，从此成了地球的一颗卫星。

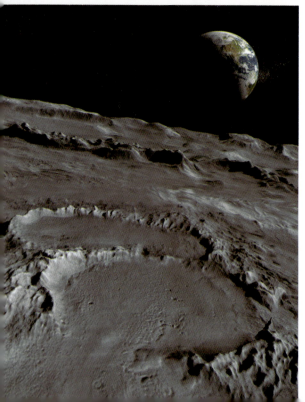

还有孪生说。他们认为在太阳附近原有一大片分散着的星云物质，后来以其中两个较大的星团为中心，凝聚其他云状物质，便形成了地球和月球两个星球，它们是"孪生兄弟"。

更有一种离奇的假说。他们认为月球本身是一艘巨大的由外星文明所操纵的飞行器，它一直守候在我们地球人类的身边，注视着我们的一举一动。只是这种假说不能充分说明外星人为什么要监视着我们且不与我们发生直接的联系，而我们地球人又有什么值得外星人来监视或观察的。

持最后一种观点的人认为：公元前10000多年，地球经过长期的发展，在许多低海拔、交通便利、土地肥美的地方形成了文明，拥有了城市和大量人口。有一天，月亮突然闯入了地球人的生活，出现了全球性的大洪水，进而地球地轴发生了移位和随之而来频繁爆发的地壳及火山活动，史前人类文明由此遭到了毁灭性的破坏。大灾变过后的幸存者又回到了野蛮时代，从高山上下来的牧羊人面对史前文明社会创造的东西一无所知，因此他们只能从原始阶段重新开始。

上图：环绕地球运行的卫星月球

下图：月球表面由平原或盆地组成

巨大撞击论

在众多假说中，许多科学家认为最合理的一种是：月球在太阳系形成初期因行星相撞而产生，这种假说叫作"巨大撞击论"，它提出曾有个火星般大小的行星撞向地球，当时两个星球都处于熔融状态，各有一个高密度的岩石核心，核心外包着一层较轻的岩石，一旦相撞，熔融的岩石就迸射而出，后来聚拢成为月球。

月球形成时产生高热，排除了水等容易汽化的物质。撞向地球的行星，其核心融入了地球的核心。起初，许多天文家拒绝接受此说，因为这种发生概率微乎其微。不过，今天的超级电脑非常先进，算出如果当时发生过这样的事，月球会有些什么成分，计算结果竟与事实相吻合。

假说毕竟只是假说，虽然也能够使人们了解一部分自然现象。但都缺少足够的证据，我们相信月亮诞生终会有一个合理的解释。

月球上
是否有水

月球上是否有水

如果月球上有水，那一定会为太空开发、登月旅行、月球基地建设带来很大的方便。

人们从水中还可以分解出作为宇宙飞船燃料的氢和助燃的氧，同时对于在月球上寻找生命以及研究月球本身都有着极其重要的意义。因此，人们渴望能在月球上找到水。

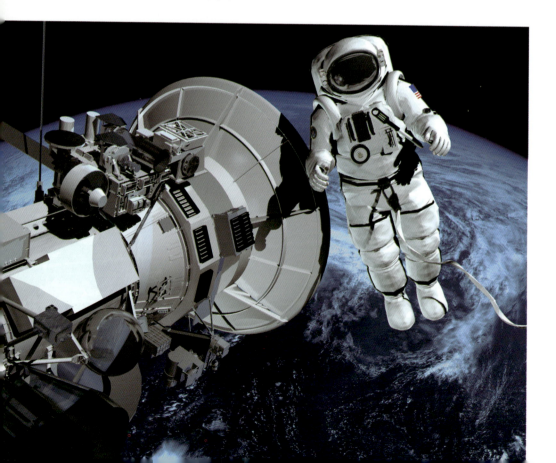

自1969年7月"阿波罗"11号宇宙飞船登月以来,"阿波罗"系列的宇宙飞船已6次登月,并从月面上带来大量岩石标本。然而,对这些岩石的分析表明,月球岩石中根本不含水分,于是,"月球上没有水"成了定论。

月球可能有水存在

美国天文学家对月球上是否有水这一问题做出了挑战性的回答:月球上很可能有水。他认为,在月球北极和南极的环形山中,有终年不见阳光的凹地,那里有可能蓄积着冰,而"阿波罗"宇宙飞船从没有到过那里。

科学家们研究了月球的有关资料发现,在月球赤道附近,月面温度正午时是130度,夜间降至零下150度,温差大得惊人。而在月球极地,温度经常在零下200度左右,在这种情况下,是有可能存在冰的。还有些科学家认为,如果月球与地球是以同样方式诞生的话,那么当初月球上也应该有水。

发现巨大的冰湖

多年前，美国五角大楼发布了一条消息：人类在月球的南极发现了一个巨大的冰湖！这意味着月球有了生命赖以生存的最主要的条件，即水和氧气。

1994年，美国国防部耗资7500万美元发射了"克莱门廷号"的无人驾驶宇宙飞船。这艘飞船执行的是绝密的军事试验任务。当年11月中旬，"克莱门廷号"向月球南极的一个环形山底部发射了一束无线电电波。

令科学家们惊讶万分的异常现象发生了：这束无线电波以极规则的方式反射回到飞船。按照常理，无线电波碰到岩石、尘埃后会发生折射，反射回飞船的概率几乎为零。因此，这束无线电波一定是碰到了十分平滑的表面。

科学家的计算

美国的航天物理学家和数学家们立即分析了雷达捕捉到的信号，并且运用数学方程进行计算，结论只有一个——无线电波碰到了冰的表面。

美国国防部认为：在月球的南极有一个巨大的盆地，这块盆地的直径

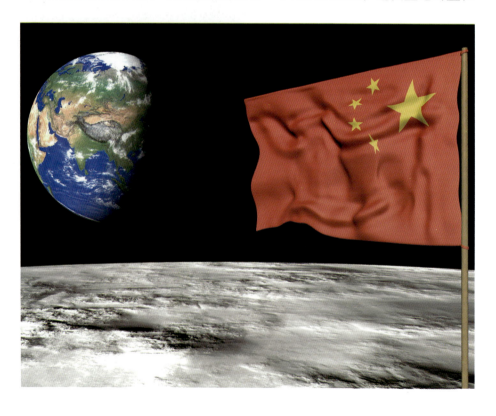

有2500千米，深达13000千米。在这块盆地内，有一个环形山。神秘的冰湖就在这个环形山的底部。根据科学家推算，这个冰湖有5~10米深，366米长，面积相当于4个标准的足球场那么大。

科学的再探索

1998年，美国国家航空航天局发射宇宙飞船"Lunar Prospecto"号，进行验证任务。"Lunar Prospector"号利用微中子光谱仪，扫描月球表面是否含有氢原子，结果再一次发现肯定信号。这些信号是否由水分子的氢原子产生呢？大多数的研究员认为答案是肯定的。

美国国家航空航天局让"Lunar Prospector"号撞击月球南极，希望能够溶解冰层产生让地球可以侦测的到水的信号，结果失败了。

地球上夜晚
看到的月亮

这有两种可能的解释：一种是根本就没有水，另一种是产生的水蒸气量不足以让地球上的仪器侦测到信号。为了解开这个谜，美国国家航空航天局准备还要发射一颗月球极轨道卫星，这颗卫星将使用伽马射线分光计来考察月球两极是否有冰及其他物质。日本的宇宙科学研究所也希望尽量发射自己的月球极轨道卫星，实现月球探查计划。

月球水的发现

2010年10月9日，科学家首次证实月球水的存在。在此之前科学家都认为月球是无水的干燥的世界。现已发现的月球水有3种。

2009年印度"月船"1号月球探测器测量得出的数据，以及美国国家航空航天局执行的月球陨坑观测与传感卫星最终用事实证实了月球上有水存在。

观测发现了40个陨坑，每一个陨坑都含有至少约两米深的水冰，所有这些月球

上图：月球背面月海所占面积较少，而环形山则较多

下图：美国登月者在月球表面进行科学探测

水冰的重量总计达到6亿吨。在另一个陨坑内发现月球水存在的证据。至2009年，共发现 3 种不同类型的月球水。同时发现了近乎纯净的厚镜片状陨坑水冰，发现了松软的冰晶泥土混合物，也发现了遍布整个月球表面的薄层水。

月球水的来源

针对月球水究竟源自何处这个问题，现在主要出现4个科学理论。

准确地说，第四个理论应该是一种较为大胆的猜测，但它提出的两种可能性目前还无法排除在外。

这个理论认为，月球水来自地球。布朗大学的舒尔茨表示，地球水"迁居"月球有两种方式，这两种方式只有在数十亿年前地月距离较为靠近时才有可能发生。一种可能是史前时代地球并不拥有磁场或者强度较弱，太阳风从地球大气层中剥离水蒸气，而后将其送上月球；另外一种可能性是小行星或者彗星撞击地球，巨大的撞击力量将海水射入太空，绕地球轨道运行的月球穿过这个水蒸气云，自此也成为一个有水的世界。舒尔茨承认，这也只是猜测而已。

Yue Qiu Shi

Kong Xin De Ma

月球是
空心的吗

科学的探测方法

月球到底是实心还是空心，我们无法用天平去称，也不能用阿基米德浮力定理将其放入海洋中去测量。唯一的办法就是用更为先进的仪器手段去测量，比如测量共振频率，共振时间持续长短，或用无线电波探测等方法。1969年，在"阿波罗"11号探月过程中，当两名宇航员回到指令舱3小时后，"无畏号"登月舱突然失控，并坠毁在月球表面。离坠毁

点72000米处的地震仪记录到了持续15分钟的震荡声。如果月球是实心的，震波只能持续3~5分钟。这一现象证明月球是空心的。

首次发生的月震

人类首次对月球内部进行探测始于"阿波罗"12号，当宇航员乘登月舱返回指令舱时，用登月舱的上升段撞击了月球表面，随即发生了月震。月球摇晃震动55分钟以上，而且由月面地震仪记录到的月面晃动曲线是从微小的振动开始逐渐变大的。振动从开始到强度最大用了七八分钟，然后，振幅逐渐减弱直至消失。这个过程用了大约一个小时。

人为制造月震

在"阿波罗"12号创造奇迹后，"阿波罗"13号随后飞离地球进入月球轨道，宇航员们用无线电遥控飞船的第三级火箭使它撞击月面。由此，

"阿波罗"13号人工月震获得长达3小时的振动。"阿波罗"14号也采用同样的方法撞击月面，振动持续了3个小时，深达月面下35410~40230米。"阿波罗"15号在之后接着又做了人工月震的试验。这次月震最远传到了距撞击地点700英里（约1.26千米）远的风暴洋。如果用同样的方式在地球上制造地震，地震波只能传播1000~2000米，也不会持续一小时之久。

科学家的结论

科学家认为，地球在地震时所发生的反应与月球在月震时的反应完全不同。地震研究所的主任莱萨姆认为，这种长时间的振动现象在地球上是绝对不会发生的。这显然是由于地球和月球的内部构造不同造成的。

几次人为的月震试验和根据月震记录分析，都得出了相同的结论：月球内部并不是冷却的坚硬熔岩。

上图：月球车在月球上进行探测

下图：月球表面的陨石和陨石坑

　　科学家们认为，尽管不能得出月球这种奇怪的震颤意味着月球内部是完全空心的结论，但可知月球内部至少存在着某些空洞。如果把月震测试仪放置距离再远一些，就可得出月球完全中空的结论。

月球是空心的假说

　　根据上述事实，苏联天体物理学家米哈依尔·瓦西里和亚历山大·谢尔巴科夫大胆地提出"月球是空心"的假说，并在《共青团真理报》上指出："月球可能是外星人的产物。15亿年以来，月球一直是外星人的宇航站。月球是空心的，在它的内部存在一个极为先进的文明世界。"

　　如果月球是空心的，且有外星人居住，那么月球来到地球应比地球晚25亿~30亿年。

　　但是，这个结论还有待验证，因为从宇航员带回来的月球上岩石标本看，又证明岩石中有的是在70亿年前生成的，这比地球和太阳年龄还古老。因而这种假说似乎不被人们所接受。

　　月球究竟是空心还是实心，还有待于继续研究。

千古星球疑问

金星为何
难以探测

金星的运行环境

金星是太阳系八大行星中距离地球最近的一颗行星，在地球内侧的轨道上运行。它也是浩瀚星空中最亮的一颗启明星。但是金星总是被浓厚的云层包围着，即使用天文望远镜也很难窥见它的真面目。

金星的外表最像地球，且质量和大小都同地球相近，因此人们一直把它看作是地球的孪生星球。然而，金星在许多方面也与地球截然不同，它逆向自转，速度很慢，周期为243天，比它绕太阳公转的周期还要长18.3

天，也就是说，金星上的一天比地球
上的一年还长。

　　由于金星上的大气实在太厚，比
地球大气浓密近百倍，而且总是一面
朝向地球，另一面要200年才能看见一
次，所以在20世纪50年代以前谁也不
知道它是什么模样。

金星的内部结构

　　可是当雷达的回波传到地球之
后，人们无不为之惊奇：原来在浓密
的大气之下，金星是一个表面温度高
达480度的火球；同时，金星上有无数
火山不断喷发，加剧了金星大气的对
流，形成一年到头的狂风，风力比地
球上的台风还要猛烈6倍。面对这样的高温和充满狂风的金星世界，空间
探测器也很难接近它进行考察。人类对太阳系行星的探测首先是从金星开
始的。迄今虽然只有约20个探测器造访过金星，但它们已初步揭开了金星
的面纱。

金星的科学探测

"金星"号探测器是苏联行星和行星际探测器系列。苏联于1961年2月12日发射的"金星"1号，是第一个飞向金星的探测器。这个探测器重643千克，在距金星9.6万千米处飞过，进入太阳轨道后由于通信中断，没有探测结果。1967年1月12日发射的"金星"4号，于同年10月18日直接命中金星，它测量了大气的温度、压力和化学组成，第一次向地面发回探测数据。

"金星"4号的质量为1.1吨，装有自动遥测装置和太阳能电池板。发射5周后，当距离地球8046000千米时，"金星"4号上的通信和探测仪器开始按计划工作。登陆舱直径1米，质量383千克，其外部还有一层很厚的防热材料。

在金星大气的阻力作用下，"金星"4号速度减小到300米/秒，然后降落伞张开，在进入大气层后大约一个半小时在金星表面硬着陆。此时通信设备突然中断，可能是因为登陆舱的天线损坏或登陆舱进入到岩石的背面，也可能是由于金星大气的温度和压力比预料的高得多，登陆舱在降落过程中损坏了。

　　1970年8月17日发射的"金星"7号，首次在金星上软着陆成功，它发回的数据表明，金星表面的大气压强为地球的90倍，温度高达470度。

　　1975年6月8日和14日先后发射的"金星"9号和"金星"10号，于同年10月22日和25日分别进入不同的金星轨道，并成为环绕金星的第一对卫星，它们探测了金星大气结构和特性，首次发回了电视摄像机拍摄的金星表面图像。

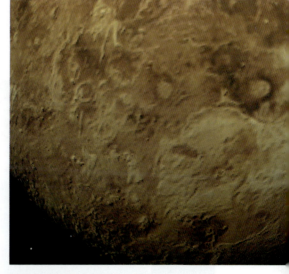

　　1981年10月30日和11月4日先后上天的"金星"13号和"金星"14号，其着陆舱携带的自动钻探装置深入到金星地表，采集了岩石标本。

　　1983年6月2日和7日发射的"金星"15号和"金星"16号，4个月后用雷达高度计在金星轨道上对金星表面扫描，绘制了北纬30度以北约25％金星表面的地形图。

| # 木星上的生命研究

木星上有生命吗

　　木星是一个由气体形成的行星，大气层中充满了氢气、氦气、氨、甲烷、水分，根本没有可供登陆的固态地表，这样的行星对生命的生存有着极大的障碍。但是，科学家们曾调查大气层的这些成分，发现和形成早期地球海洋的物质十分相似。

　　因此，木星上存在着生物的说法，并不是没有事实根据的。然而，木星大气层有强烈的乱流和大气下方的高温，都是阻止生命形成的致命伤。因为这股漩涡状的乱流，任何生物一碰及这股乱流就会被卷入下方高温中，而遭到烤焦的命运。

科学家的假想

科学家认为，想要在这种环境下维持生命，有一个可行的办法，即在被烧焦之前复制新的个体，并且由对流现象把后代带到大气层中较高、较冷的地方。这种有机物可能很少，被称之为铅锤或者类似浮标的东西，在大气层外侧飘浮以取用食物供给所需的能量。浮标就像氢气球，飘到大气外侧较冷、较安全的地方。这种浮标型有机体可以食取有机物，还可吸收太阳光为能源，制造能量，自给自足。

飘浮的有机体借用大气层中空气的流动来让自己移动，它们的生活不是十分安全。这三种生物是否真的存在，至今仍是一个大谜团。

木星是否能成为太阳

木星是什么样

木星在太阳系的八大行星中体积和质量最大，它有着极其巨大的质量，是其他七大行星总和的2.5倍多，是地球的318倍，而体积则是地球的1321倍。按太阳系中距离太阳的远近顺序，木星为第五颗行星。同时，木星还是太阳系中自转最快的行星，所以木星并不是正球形的，而是两极稍扁，赤道略鼓。

木星是天空中第四亮的星星，仅次于太阳、月球和金星，在有的时候，木星会比火星稍暗，但有时却要比金星还要亮。木星主要由氢和氦组成，中心温度估计高达30500度。

木星仅仅是行星吗

20世纪80年代初，苏联科学家苏切科夫提出木星也许是颗正在发展中的恒星。他的主要观点是：木星内部在进行热核反应，它有自己的热核能源，应该归到"能自己发热、发光"的恒星类天体里去。

事情真是那样子吗？木星离太阳比地球远得多，所以它接收到的太阳辐射也少得多，表面温度理所当然要低得多。根据计算得出的结果，木星表面温度应该是零下168度。可是，地面观测得出来的温度是零下139度，与计算值相差近30度。"先驱者"11号于1974年12月飞掠木星时，测得的

围绕太阳运行
的太阳系行星

木星表面温度为零下148度，仍比理论值高出不少，说明木星有自己的内部热源。

对木星进行红外线测量也反映出类似情况。如果木星内部没有热源，它吸收到的热量和支出的应该达到平衡，地球和水星等类的行星的情况正是这样。木星却不然，它是支大于收，有1.5~2.0倍，这超支的能量从哪里来呢？很明显，只能由它自己内部的热源予以补贴。

木星能否自己产生热能

木星是一颗以氢为主要成分的天体，这与我们的地球有很大的差异，而与太阳相似。木星与太阳这两个天体的大气，都包含约90%的氢和约10%的氦，以及很少量的其他气体。关于木星的内部结构，现在建立的模型认为它的表面并非固体状，整个行星处于流体状态。木星的中心部分大概是个固体核，主要由铁和硅组成，那里的温度至少可以有30000度。核的外面是两层氢，先是一层处于液态金属氢状态的氢，接着是一层处于液态分子氢状态的氢，这两层合称为木星幔。再往上，氢以气体状态成为大气的主要成分。

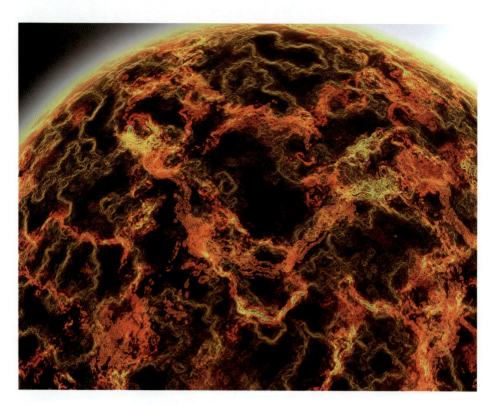

　　具有如此结构的天体，其中心能否发生热核反应而产生出所需的能量来呢？许多人认为是可疑的，甚至不可能的。况且木星的质量并没有达到太阳质量的0.07。

　　比起太阳来，木星确实有点"小巫见大巫"。称"霸"其他行星的木星，体积只有太阳的1/1000，质量只及太阳的1/1047，即约0.001个太阳质量，而中心温度也只有太阳的1/500。有人认为，这并不妨碍木星内部存在热源，因为它是在木星形成过程中产生并积累起来的。

　　苏联学者苏切科夫认为木星内部正进行着热核反应，核心的温度高得惊人，至少有28万度，而且还将变得越来越热，释放更多的能量。释放的速度也将进一步加快。换句话说，木星在逐渐变热，最终会变成一颗名副其实的恒星。

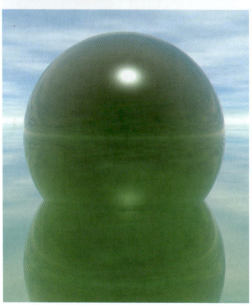

我国学者刘金沂对行星亮度的研究，从一个侧面提供了证据。他发现在过去很长的一段历史时期里，水星、金星、火星和土星的亮度都有减小的趋势，唯独木星的亮度在增大。如果前述四行星的亮度减小与所谓的太阳正在收缩、亮度在减弱有关，那么，木星亮度增大的原因一定是在木星本身。刘金沂得出的结论是：在最近2000年中，木星的亮度每千年约增大0.003等。这无异对苏切科夫等的观点作了注释。

此外，太阳不仅每时每刻向外辐射出巨大的能量，同时也以太阳风等形式持续不断地向外抛射各种物质微粒。它们在行星际空间前进时，木星自然会俘获其中相当一部分。

这样的话，一方面木星的质量日积月累不断地增加，逐渐接近和达到成为一个恒星所必需的最低条件；另一方面，在截获来自太阳的各种粒子时，木星当然也就获得了它们所携带的能量。换言之，太阳以自己的日渐衰弱来促使木星日渐壮大，最后达到两者几乎并驾齐驱的程度，使木星成为恒星。

这样的过程大致需要30亿年的时间。那时，现在的太阳

系将成为以太阳和木星为两主体的双星系统；也有可能木星在其"成长"的过程中，把一些小天体俘获过来，建立以自己为中心天体的另一个"太阳系"，与仍以现在太阳为中心天体的太阳系，平起平坐。不管是哪种形式的变化，目前太阳系的全部天体，包括大小行星乃至彗星等，都将有较大幅度的变动。

这种大变迁会带来什么后果呢

这种大变迁后地球和地球上的人类该怎么办呢？一种观点认为，事物发生变化那是必然的，至于是否像前面提到的那样，木星变成恒星那样的天体，这只是一家之见，何况还有30亿年的漫长岁月呢！

像木星内部结构之类的问题，本来就是一个争论颇多的领域，苏切科夫等人的观点只不过使得争论更加热烈而已。在目前的观测水平和理论水平不完善的情况下，像"木星是否正在向恒星方向演变"之类的重大自然科学之谜，不仅现在无法解答，即使是可以预见到的将来，恐怕也未必能理出个头绪。它无疑将会在很长的一段历史时期里，一直成为科学家们孜孜不倦地探讨的课题。

火星上
适宜居住吗

发现火星上有水

人类若想在火星上居住同样不可避免地首先要有水的存在。美国国家航空航天局发布新闻说，火星上有水。由此这颗星球引起了人们极大的关注。

迈克士·马林博士和肯尼斯·埃吉特博士两位科学家通知国家航空航天局说，他们从"火星地球勘探者号"航天器发回的照片上，发现了火星表面近期有水的证据。两位科学家就此写出了研究报告，在美国《科学》杂志上发表。

是否有生命存在

火星上曾有水的说法并不新鲜，但火星很可能现在就存在着水，这可是绝对的新观点。科学家甚至推测，火星上现在可能就有生命存在。

以前，科学家们一般认为，火星地表特点是数十亿年前由水流冲刷而成。他们相信，火星曾经有过海洋、河流，而且有过一个温暖而深厚的大气层。

但随着时间的推移，火星的大气层由厚变薄并逐渐消失，气温因而变得格外的冷。由于大气层压力极低，液态水直接转变为水蒸气，火星上的水大部分以这种形式释放到了太空。马林和埃吉特对"火星地球勘探者号"近两年发回的照片分析和比较，终于大胆提出：火星上存在水的时间距离我们比较近，最多也就是几百万年前或几千年前的事，甚至可以说，"火星现在就有水"。

火星上的水流迹象

根据研究，火星上面有许许多多的山沟、溪谷和扇形的三角洲，这些很可能是水从火山口的悬崖峭壁上急流而下造成的。马林指出，火星发回的照片显示，一条条山沟、溪谷历历在目，与地球上的水流特点毫无二致。

他们还发现照片上山沟、溪谷边的水印十分平滑，不像过去看到的火星照片上遍布火山口和到处是黑尘的样子，因而推断水流迹象是近期形成的，"这说明某些事情现在发生，或者说只过了一两年"，埃吉特说："这些水流迹象十分年轻"。

人类居住火星的梦想

对于马林与埃吉特的最新发现，美国不少的科学家认为是激动人心的，但同时也认为有待进一步证实。

康奈尔天文学家教授斯蒂文·斯奎尔说："两位科学家的新发现的确是令人兴奋的结果，但我们还得持现实的态度。"

美国国家航空航天局首席科学家艾德·威勒尔说，在人类登上火星之前，国家航空航天局还需通过机器人对火星进行几十年的研究。该局计划每26个月进行一项火星探测任务，这些计划主要是为了侦察、寻找可供机器人着陆的可能之地，也许最后会送人上去。

许多专家认为，火星若真有水，人类"红色星球"居住的梦想在不远的将来就会成为现实。水可以分解为化学成分氢和氧，这就能供机器人作为

燃料使用。从水中分离出的氧对人的用处就更大了，可以用来在未来人类"火星基地"内建立一个可供人呼吸的大气环境。为此，国际火星学会正在积极准备建立空间站，以便训练宇航员以及相关设施的制作，我们希望人类登上火星居住的梦想早日实现。

陨石上的生命

美国国家航空航天局宣布，有关专家从一块来自火星且有40多亿年历史的陨石上发现某些特殊有机物，并认为这些有机物与火星细菌活动有关。于是，该局正式提出36亿年前火星上曾存在像细菌之类的单细胞生命。

事实果真如此吗？相当一部分专家表示怀疑。有人首先对这块陨石来自火星的说法表示不敢苟同。这块陨石于1984年在南极洲阿伦山被发现，编号为阿伦山84001。它与其他11块在印度肖戈蒂、埃及纳卡纳和法国查赛尼等地发现的陨石，均因结构与火星岩石类似而被认为来自火星。

细菌真的存在吗

对于陨石来自火星这一说法，东京学家理学部教授武田弘认为，20%左右的专家会有不同意见。难怪美国全国科学院行星研究专家阿伦斯强调，不能肯定阿伦山84001陨石来自火星，有必要从火星上直接取样。

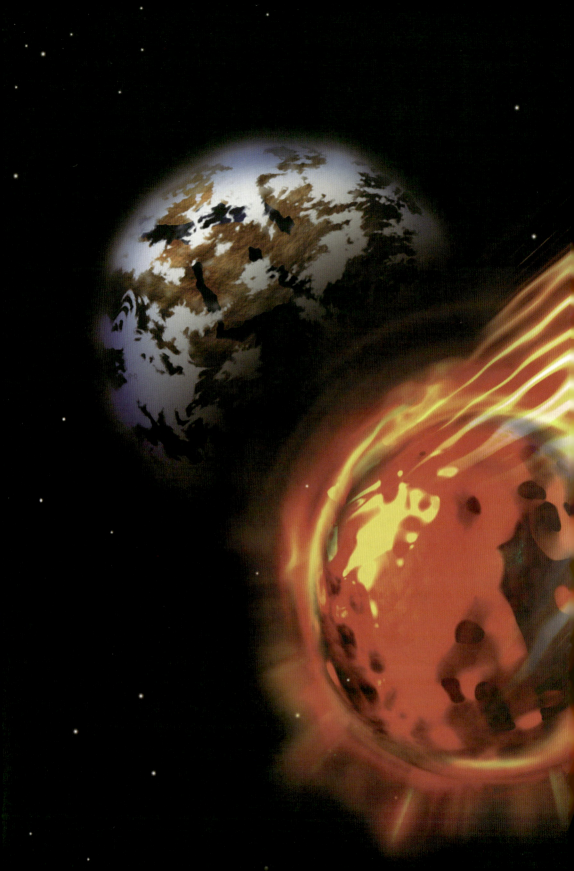

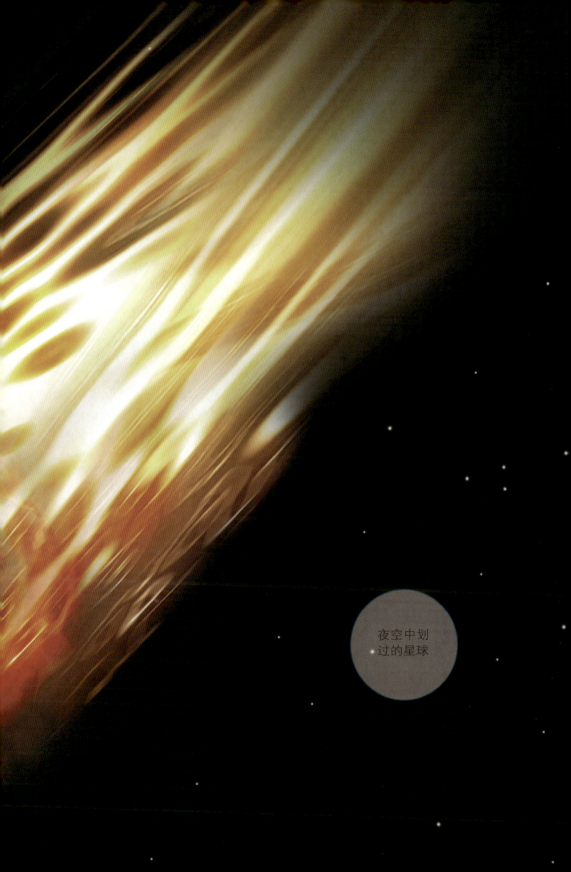

夜空中划
过的星球

即使这块陨石确实来自火星，目前也没有可靠的证据来证明陨石上的有机物质是火星细菌的杰作。除地球之外，茫茫宇宙间存在着有机物质。譬如，星际分子是宇宙间天然形成的化合物，目前已发现有几十种，其中绝大多数是有机分子。

20世纪80年代初，加拿大射电天文学家就发现狮子座CW星周围尘埃气体中存在相当复杂的有机分子，即氰基癸五炔。因此，美国阿肯色大学的宇宙化学专家贝努瓦表示，火星曾有单细胞生命的观点不过是推断而已，远没有成为定论。

寻找外星生命

不管是推论还是定论，都再次激起了人们寻找外星人或外星生命的兴趣。美国国家航空航天局官员则希望人们明白，没有证据表明火星上有高等生命。寻找外星人的好事者被泼了一头冷水，然而探索生命之源的专家兴趣不减。如果36亿年前火星曾有单细胞生命，人们离揭开生命之源的目标就近了一步。

36亿年前地球上已充满单细胞生命，但无生命物质如何形成单细胞生命至今仍是个谜。美国科学家米勒曾于1952年在实验室导演了一幕生命起源的"历史剧"，似乎证实了原始大气可以在电闪雷击作用下合成有机

物，进而产生蛋白质乃至生命。然而，以后的研究发现，米勒的历史剧与实际情况相距甚远。

孢子创造生命的假说

有些专家将目光转向著名瑞典化学家阿瑞尼乌斯的假说，希望从中得到灵感。1908年阿瑞尼乌斯在《塑造中的世界》一书中假设，一个带有厚厚保护壁的孢子从太空进入大气层，落到海洋中开始繁衍，最终创造出所有生命。

他的假说一度认为是天方夜谭，如今通过计算机模拟证实完全有可能。火星曾有单细胞生命的观点给这一假说提供了有力的佐证，足以使专家深入进行研究。

Xing Qiu Hui Mie
De
Cai Xiang

星球毁灭的
猜想

火星遭遇撞击

火星是个包含着许许多多奥秘的行星，火星的历史只是我们的猜测，火星在太阳系星的意义至今尚未弄清。我们所能确定的一点仅仅是火星上曾经有过雨水、河流、湖泊和海洋，而它现在却荒芜死寂了。

科学家们一致认为，火星是被小行星或夏天彗星引起的一次无比巨大的碰撞杀死的，这并不算过分。火星那伤痕累累的表面上，布满了几千个巨大的深坑，都在默默无言地为那次碰撞作证。

科学家认为，那次碰撞很可能也造成了一次灾难性的大洪水，然后完全夺去了火星以前的浓厚大气，从此，液态水便在火星没有踪迹了。

物体撞击的结果

火星还处在黄金时代时就被突变了，这可能是一次什么性质的突变呢？在火星上，有3000多个直径大于3000米的深坑，其中埃拉斯、伊斯迪斯和阿吉尔深坑都是火星地

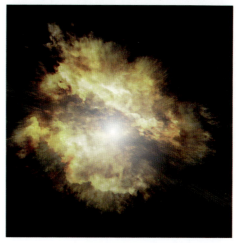

貌里幽暗而隐伏的巨怪。根据对地球深坑的研究，直径为10000米的能够造成直径将近200千米的深坑。更精确的计算表明：埃拉斯深坑的撞击物的直径是100千米，伊斯迪斯深坑的撞击物的直径为50000米，而阿吉尔深坑的撞击物的直径则是36000米。

的确，一些比这小得多的物体曾经给地球造成过非常严重的损害。美国亚利桑那州著名的"巴林格深坑"，深180米，直径大于1000米，是一块直径不到50米的陨铁造成的结果。

历史的回眸

毁灭火星的那场大灾变可能发生在非常近的年代，也许就发生在不到20000年以前。这个见解是天文学上的一个异端邪说，曾经引起了强烈反响。

历史已经表明：恰恰就在那个时期，地球上也发生过一次非常巨大的突变。正是在那个时候，地球的冰河期突然灾难性地中断了。

没有一位科学家解释过，那次翻天覆地的灾变是如何发生的，或者为什么会发生。火星一直拥有强大的磁场和类似于地球的大气层，它们使海洋、湖泊及河流得以形成。我们知道，火星上以前一直有频繁而丰沛的降雨，现在依然有数量极大的水被封闭在极地和地表以下的冰层里。目前，我们已经发现了火星上有机生命活动的许多令人向往的暗示和迹象。

火星毁灭猜想

火星曾在大约4000万年前因全球暖化而导致毁灭，当时只有200万人幸存下来。目前的火星人生活在地下，大约有580万人。他们

仍然保存着当时火星毁灭的历史，生活非常节俭、重复使用资源、灵性很高。

当时，在毁灭发生的时候，人和动物主要死于3种毒气的窒息：硫化氢、氧化亚氮和甲烷。气候的暖化是由牲畜释放的甲烷等温室气体所导致，并最终使海洋和永冻层等进一步释放更多的温室气体，与当今地球的情况类似。

灾难发生的时候，人和动物经过4天的时间才慢慢窒息而死。只有0.2%的人幸存下来进入地下坑道，住在地下河流的旁边。在灾难发生之前的5年，可预知未来的智者曾警告过火星人，但火星人没有听从警告。灾难在最后两个月突然发生，让火星人没有时间准备，没有人能帮助其他人。就这样，在两个月之内，90%的火星人先死了；几个月之后，又有另外5%的人死了；再过几个月之后，又有3.8%的人死了。最后只剩0.2%的人存活下来，这些人全是素食者或纯素食者。

土星上的
生命探测

土星探测的意义

土星的质量和体积仅次于木星，它距地球约12.7亿千米，体积是地球的120多倍，而质量是地球的95倍，特别是它绚丽多姿的光环令无数人倾倒。

20世纪60年代以前，人们一直认为土星有5道光环，有10颗卫星，其中土卫六和地球一样也有大气。科学家认为，探测土星及土卫六对于了解和认识太阳系的形成和演变历史具有重要意义。

土星探测器的成果

迄今只有美国国家航空航天局于20世纪70年代先后发射的"先驱者"11号探测器、"旅行者"1号和"旅行者"2号3个探测器飞临上土星进行过探测土星的活动。

1979年9月1日，"先驱者"11号经过6年半的太空旅

程，成为第一个造访土星的探测器。它在距土星云顶20000千米的上空飞越，对土星进行了10天的探测，发回第一批土星照片。"先驱者"11号不仅发现了两条新的土星光环和土星的第十一颗卫星，而且证实土星的磁场比地球磁场强600倍。9月2日它第二次穿过土星环平面，并利用土星的引力作用拐向土卫六，从而探测了这颗可能孕育有生命的星球。

1980年11月，"旅行者"1号从距土星12000千米的地方飞过，一共发回10000余幅彩色照片。这次探测不仅证实了土卫十、十一、十二的存在，而且又发现了3颗新的土星小卫星。

当它距离土卫六不到5000千米的地方飞过时，首次探测分析了这颗土星的最大卫星的大气，发现土卫六的大气中既没有充足的水蒸气，其表面也没有足够数量的液态水。

1981年8月，"旅行者"2号从距离土星云顶10000千米的高空飞越，传回近20000幅土星照片。探测发现，土星表面寒冷多风，北半球高纬度地带有强大而稳定的风暴，甚至比木星上的风暴更猛。

土星也有一个大红斑，长8000千米、宽6000千米，可能是由于土星大气中上升气流重新落入云层时引起扰动和旋转而形成的。土星光环中不时也有闪电穿过，其威力超过地球上闪电的几万倍乃至几十万倍。

土星环的构成

土星环是由直径为几厘米到几米的粒子和砾石组成，内环的粒子较小，外环的粒子较大，因粒子密度不同使光环呈现不同颜色。每一条环可细分成上千条大大小小的环，即使被认为空无一物的卡西尼缝也存在几条小环，在高分辨率的照片中，可以见到土星环有5条小环相互缠绕在一起。土星环的整体形状类似一个巨大的密纹唱片，从土星的云顶一直延伸到32万千米远的地方。

土星的新卫星

此外，"旅行者"2号还发现了土星的13颗新卫星，这样就使土星的卫星增至23颗。它考察了其中的9颗卫星，发现土卫三表面有一座大的环形山，直径为400千米，底部向上隆起而呈圆顶状，还有一条巨大的裂缝，环绕这颗卫星几乎达3/4周；土卫八的一个半球为暗黑，另一个半球则十分明亮；土卫九的自转周期只有9~10小时，与它的公转周期550天相去甚远；土卫六的实际直径为4828千米，而不是原来认为的5800千米，是太阳系行星中的第二大卫星，它有黑暗寒冷的表面、液氮的海洋和暗红的

天空，偶尔洒下几点夹杂着碳氢化合物
的氮雨等，这是人类了解生命起源和各
种化学反应的理想之处。

"卡西尼"号土星探测器

　　为了进一步探测土星和揭开土卫六
的生命之谜，美国与欧空局联合研制了
价值连城的"卡西尼"号土星探测器。

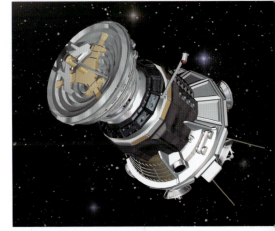

　　1997年10月15日，随着一声轰天
巨响，20世纪最大、最复杂的行星探测
器"卡西尼"号飞船携带探测器"惠更
斯"由大力神4B运载火箭从美国肯尼迪
航天中心发射成功，从此踏上耗时7年长达35亿千米的土星之旅。

　　"卡西尼"号飞船上载有12台科学探测仪器，子探测器"惠更斯"携
带有6台科学仪器，它的主要任务是对土星、土星光环及土星的卫星，尤
其是其中的土卫六进行空间探测。

宇宙探测器
对火星进行
探测

经过了将近7年孤独寂寞的长途奔波后，"卡西尼"号终于在2004年7月1日顺利进入土星轨道，成为首个绕土星飞行的人造飞船。此后，"卡西尼"号将对土星的大气、光环及其卫星进行为期4年的科学研究。

"卡西尼"号的功绩

在探测期间，"卡西尼"号探测器不但为我们拍摄了许多土星极其美丽光环的照片，通过飞行中与许多颗土星的卫星擦肩，还向我们展示了土星卫星绝不亚于系川小行星的奇特风貌。关于"卡西尼"土星探测器的探测，最值得一提的便是2005年1月它在卫星"泰坦"表面的着陆。"泰坦"有很厚的大气层，但通过观测发现它被大气覆盖的表面似乎有河流及湖泊存在。

由于"泰坦"的表面温度为零下180度，因此在这颗卫星上肯定不会存在液态水。如果在这样的温度环境下存在液体的话，则应该是甲烷或乙烷。难道在"泰坦"上会有甲烷或乙烷降雨并形成河流及湖泊么？虽然这个谜团尚未解开，但可以确定的是泰坦和地球的环境完全不同。

2004年11月，"惠更斯"号着陆器脱离"卡西尼"号探测器飞向土卫六，穿过云层，在土卫六上软着陆，然后将探测到的数据通过环土星飞行的卡西尼号轨道器传回地球。

"卡西尼"号进入土星轨道后的任务是：环绕土星飞行74圈，就地考察土星大气、大气环流动态，并多次飞临土星的多颗卫星，其中飞掠土卫六近旁45次，用雷达透过其云气层绘制土卫六表面结构图，预计可发回近距离探测土星、土星环和土卫家族的图像50万幅。

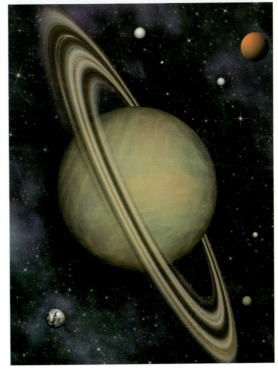

天王星的
季节变化

对天王星的观测

天王星的季节变化，至21世纪初还没有完整的资料，因为对天王星大气层的观察数据还不到84年，也就是一个完整的天王星年。但已经有了一些资料，从20世纪50年代起算，光度学的观测已经累积了半个天王星年，在两个光谱带上的光度变化已经呈现了规律性的变化，最大值出现在至点，最小值出现在昼夜平分点。

在2004年秋天的短暂时期，天王星上出现了与海王星相似的一大片云块，观察到229米/秒（824千米/时）的破表风速，和被称为"7月4日烟火"的大风暴。

在2006年8月23日，太空科学学院的研究员和威斯康星大学观察到天王星表面有一个大黑斑，让天文学家对天王星大气层的活动有更多的了解。虽然还不是完全了解为什么会

突然发生活动的高潮，但是它呈现了天王星极度倾斜的自转轴所带来的季节性的气候变化。

对天王星的季节分析

从1960年开始的微波观测，深入对流层的内部，也得到相似的周期变化，最大值也在至点。

从1970年开始对平流层进行的温度测量，也显示最大值出现在1986年的至日附近。多数的变化相信与可观察到的几何变化相关，天王星是一个扁圆球体，造成从地理上的极点方向可以看见的区域变得较大，这可以解释在至日的时候亮度较亮的原因。

天王星的反照率在子午圈的附近也比较强。例如，天王星南半球的极区比赤道的带明亮。另外，微波的光谱观测显示，也证明两极地区比较明亮，同时也知道平流层在极区的温度比赤道低。

所以，季节性的变化可能是这样发生的。极区，在可见光和微波的光谱下都是明亮的，而在至点接近时看起来更加明亮；黑暗的赤道区，主要是在昼夜平分点附近的时期，看起来更为黑暗。

此外，在至点的掩星观测，得到赤道的平流层温度较高。有相同的理由相天王星信物理性的季节变化也在发生。

当南极区域变得明亮时，北极相对的呈现黑暗，这与上述概要性的季节变化模型是不符合的。

在1944年抵达北半球的至点之前，天王星出现升高的亮度，显示北极不是永远黑暗的。

这个现象暗示可以看见的极区在至日之前开始变亮，并且在昼夜平分点之后开始变暗。显示亮度的变化周期在至点的附近不是完全的对称，这也显示出在子午圈上反照率变化的模式。另外，一些微波的数据也显示在1986年至日之后，极区和赤道的对比增强了。

对天王星的季节研究

20世纪90年代，在天王星离开至点的时期，哈勃太空望远镜和地基的望远镜显示南极冠出现可以察觉的变暗，同时，北半球的活动也证实是增强了，例如云彩的形成和更强的风，支持期望的亮度增加应该很快就会开始。异常的极和南半球明亮的"衣领"，被期望在行星的北半球出现。

物理变化的机制还不是很清楚，在接近夏天和冬天的至点，天王星的

一个半球沐浴在阳光之下，另一个半球则对向幽暗的深空。照亮半球的阳光，被认为会造成对流层局部的增厚，结果是形成数层的甲烷云和阴霾。

在纬度45度的明亮"衣领"也与甲烷云有所关联。在南半球极区的其他变化，也可以用低层云的变化来解释。来自天王星微波发射谱线上的变化，或许是在对流层深处的循环变化造成的，因为厚实的极区云彩和阴霾可能会阻碍对流。现在，天王星春天和秋天的昼夜平分点即将来临，动力学上的改变和对流可能会再发生。

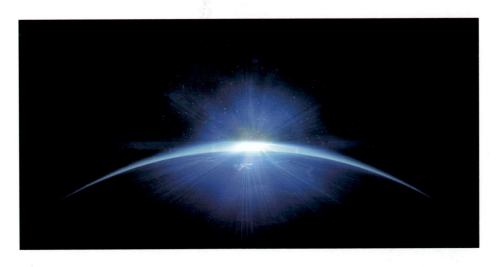

Hai Wang Xing
You Huo Shan
Zhi Shuo

海王星
有火山之说

海王星的英姿

从海王星被发现后的143年中，尽管天文学家采用了种种办法，仍对它无法进行深入了解。1989年8月，宇宙飞船"旅行者"2号从距离海王星云端4800千米的地方飞过。一下子改变了这种状况。通过"旅行者"2号从44.8亿千米的远方发回的照片，终于看清了海王星的英姿。从此，人们才知道，海王星并不是太阳系里的一个死堆，而是经常有风暴活动。海王星有3个光

环，也就是卫星与小行星碰撞的古老遗迹。另外，海王星有8颗卫星，其中一颗此刻正在从冰山中喷出液态氮的泡沫。

海王星的新卫星

"旅行者"2号共发现了6颗海王星的新卫星照片，使海王星的卫星总数增加到8颗。从观测到的情况来看，海卫一曾是一个行星。这种说法的主要证据是，海卫一是唯一一颗沿着与其母行星运行方向相反的轨道运行的大卫星。在整个太阳系里没有一颗大卫星这样逆行。

在海卫一的赤道附近有一个冰覆盖着的蓝色的地带，这个地带是由冰冻的甲烷气体所构成的。这使海卫一成为太阳系中唯一一颗真正的"蓝色卫星"。

在其他地方，随处可见粉红色的霜。亚利桑那大学的天体物理学家罗杰·耶尔说，海卫一的温度为零下400度，是"我们见到的太阳系中最冷的天体"。

从照片中，可以看出海卫一上有活的冰火山。但这些冰火山不像地球上的火山那样喷出赤热的岩浆，而是喷出液态氮。

当液态氮到达极其寒冷的表面时，马上被冻结成冰晶射流，高达8000米。这股射流遇到海卫一大气的微风后，就形成风吹的条纹，落回到海卫一的表面。所有的都只是猜测，它是否正确，最终还只有靠人类的科学去下定论。

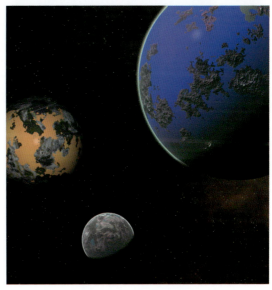

| # 冥王星
"废掉"的争议

冥王星是行星吗

美国罗斯地球及太空中心的科学家提出新理论，认为太阳系中离太阳最远的冥王星其实不是行星，而只是一块巨大的冰，应将其"废掉"。

据这个隶属纽约的美国自然历史博物馆的机构称，在海王星外是一条冰雪形成的管星带，这其中就包括冥王星。

行星资格的争论

自从被发现的那天起，冥王星便与"争议"二字联系在了一起，一是由于它的发现的过程是基于一个错误的理论；二是由于当初将其质量估算

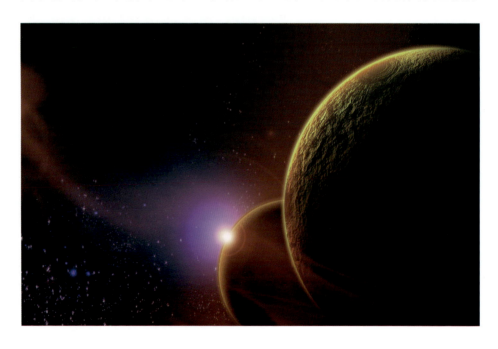

错了，误将其纳入到了大行星的行列。

1930年，美国天文学家汤博发现冥王星，当时错估了冥王星的质量，以为冥王星比地球还大，所以命名为大行星。然而，经过近30年的进一步观测，发现它的直径只有2300千米，比月球还要小，等到冥王星的大小被确认，"冥王星是大行星"早已被写入教科书，以后也就将错就错了。

冥王星的质量远比其他行星小，甚至在卫星世界中也只能排在第七八位左右。

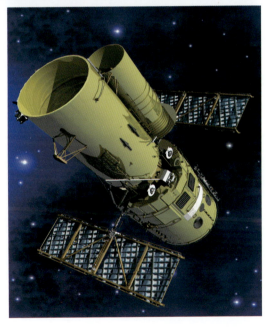

新世纪的发现

进入21世纪，天文望远镜技术的改进，使人们能够进一步对海王星外天体有更深了解。

2002年，被命名为50000 Quaoar，即夸欧尔的小行星被发现，这个新发现的小行星的直径1280千米要长于冥王星的直径的一半。

2005年7月9日，又一颗新发现的海王星外天体被宣布正式命名为厄里斯。根据厄里斯的亮度和反照率推断，它要比冥王星略大。这是1846年发现海王星之后太阳系中所发现的最大天体。它的发现者和众多媒体起初都将之称为"第十大行星"。

也有天文学家认为，厄里斯的发现为重新考虑冥王星的行星地位提供了有力佐证。

冥王星真的能废除吗

冥王星一直都跟其他八大行星有所区别，它较像管星，其公转轨道比其他行星多倾斜了17°。

1992年，天文学家在海王星外发现由数以百计的冰和石组成的彗星，将之称为凯珀带，其中约有70颗分星与冥王星的公转轨道相近。

罗斯中心称，由于对行星没有一致的诠释，故应把太阳系分为太阳与五类物体：像金星、水星、地球和火星这种由高密度石质形成的细小行星；在火星与木星之间由碎石和铁形成的小行星带；巨大的气体星球如土星、木星、天王星、海王星；奥尔特星云和凯珀带。至于冥王星，罗斯中心认为它

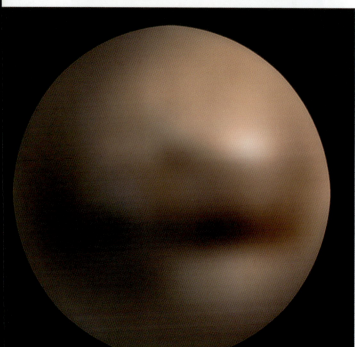

应是凯珀带的一分子。

　　该中心说，过去也有行星被"废掉"的先例，如 1801年被称为行星的谷神星，后来就被重划为小行星，因为它的宽度只有933千米。

　　反对"废掉"冥王星的天文学家说，谷神星的行星地位只享用了一年，冥王星却享用70多年，况且"废掉"谷神星是获天文学界一致同意的。

冥王星归类为矮行星

发现比冥王星大的星体

2006年8月，有关于太阳系内行星数量变化的消息传遍了世界各地。

一直以来，行星都被看作是围绕太阳公转的大型天体。太阳系的行星共有9颗，冥王星是最外围的行星。在这之前虽然一直没有对行星下过一个精确的定义，但也没有谁提出过异议。

然而，1930年发现的冥王星在当时虽然被认为和地球差不多大小，但随着观测技术的进步，科学家们逐渐发现它的体积比原先预测的要小得多，运行轨道也并不规则，这些都不符合人们对于行星的判断标准。到了1978年，冥王星的卫星卡戎星被发现，它的体积竟然是冥王星的一半，这也说明冥王星的实际体积比地球的卫星月亮还要小。

通过近年的观测，在海王星外侧发现了许多小型外天体，这一

切都逐渐表明：冥王星与行星的成因不同，只是太阳系边缘无数微型天体中的一颗。到了2003年10月，科学家们终于发现了一颗比冥王星更大的天体——UB313，于2006年9月命名为厄里斯。

这样一来，不论是从科学理论角度，还是从体积的大小来说，冥王星都已与行星的特征不符，天文学界已将其归为小行星之中新的一类"矮行星"的代表之一。

正式确定行星的概念

直至这时才有许多人发现：一直以来科学界对于行星都没有具体的定义。对我们来说，行星的存在太过寻常，以至于人们忘了给它一个准确的概念。或者不如说，"水星、金星、地球、火星、木星、土星、天王星、海王星、冥王星"这一长串名字便是人们一直以来对行星的定义。

　　然而，随着观测水平的提高，天文学家在冥王星附近又发现了许多小型天体。当然，既然说是小型天体，那些不计其数的小行星也就不足为奇了。可谁也没有想到，会在这一带发现一颗比冥王星还要大的小型天体。

　　在刚刚发现这颗比冥王星还要大的天体时，科学家们用小行星的命名方式将它命名为厄里斯。它的直径为2400千米，比直径为2390千米的冥王星要大。这样就出现了一个问题，因为它比冥王星大，厄里斯的发现者主张将其列为第十大行星。这个提议原本无可厚非，但紧接着，科学家们又发现了几颗和冥王星相似大小的小型天体。那么如果承认厄里斯为第十大行星，那么十一大行星、十二大行星等等也会相继出现。如此一来，"大行星"的数量便会多得数不清。

废除冥王星八大行星的身份

　　2006年8月24日，世界上的众多天文学家聚集到国际天文学联合会总部捷克首都布拉格，就冥王星的问题展开了讨论，最终确定废除冥王星作为九大行星之一的身份。那么冥王星该何去何从呢？起初大家认为它应被归类在小行星之中，但从行星到小行星的称谓难免给人以"降低身份"的印象，于是大家决定创建矮行星这一新的分类，并以冥王星作为该分类的代表。

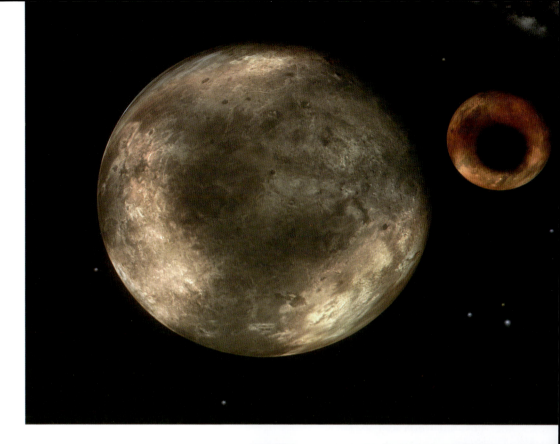

不管怎样，太阳系内产生这样大的变动，最主要的原因便是随着科学家观测技术的进步，在海王星和冥王星的轨道附近以及更远的地方发现了许多新的天体。起初为了纪念预言这些天体存在的两位天文学家，这些天体被称为"艾吉沃斯·柯伊伯天体"，最近它们已经有了一个更加大众化的名字"太阳系外缘天体"。

太阳系外缘天体分布在聚太阳30~50天文单位的空间里，但随着轨道直径长达1000天文单位的小行星陆续被发现，太阳系的范围也越来越大。而至于太阳系究竟有多大，这个问题仍有待我们进一步探索。

Wen Yi
Lai Zi Yu
Hui Xing Ma

瘟疫来自于彗星吗

是彗星带来的瘟疫吗

　　有人猜测，那一年感染伤风和流行性感冒，很可能不是受人传染的，而是从彗星传入的。连致命的疾病，如中世纪蹂躏欧洲的黑死病，也可能源于彗星。

　　差不多每当彗星飞临地球后，地球上就会产生一种新的流行病。而且这种流行病几乎都是首先发生在一个有限地区内，然后逐渐向其他地区流传，继而危害整个人类。

各国发生的奇怪事件

1664年，人们观察到一颗彗星，那一年英国伦敦流行鼠疫，短短数个月内，竟有几十万人死于此病。

1825年，埃及人看到一颗彗星，在那段日子里，成千上万头牲畜倒毙于地。

我国是最早观测彗星的国家，曾有"春秋昭十七年冬有星孛入于大辰"记载。我国民

间称彗星为扫帚星，素来视为不祥之兆。在这点上，尽管东西方文化渊源不同，观点却不谋而合。

彗星带来的大丰收

现实似乎也不尽然，例如，1811年那颗彗星拖着长达1800万千米蔚为壮观的彗尾出现后，那一年欧洲的葡萄却意外地喜获丰收。美滋滋的欧洲人把那一年酿出的葡萄酒叫作彗星美酒。1858年，当多纳蒂彗星出现时，所过地区的葡萄园又是一派硕果累累的丰收景象。

划过天空的
美丽彗星

哈雷彗星带来的一场虚惊

20世纪初，天文学家们曾经预言，1910年哈雷彗星会回到近日点，并与地球相撞。消息传出以后，人们惊恐万状，不知所措。据测算，彗星体积极其庞大，彗星直径达57万千米。当时科学家认为，且不说彗头，地球即使遇上那明亮而漫长的彗尾，钻进它那灼热的气体之中，那也将导致致命的结果。

于是，曾经一度消除了的对于彗星的种种恐惧和迷信又开始复苏了。有些庸医、骗子借机兜售"彗星抗毒丸"，说是服用它可以抵抗彗尾的有毒气体，以期牟取暴利，一些国家的报纸甚至载文惊呼，说是世界末日即将来临。

1910年5月9日，哈雷彗星果然经过地球轨道，它那长达数千万千米的尾部与地球相遇了。然而，人们并无任何异样感觉，地球在彗尾中依然按

自己轨道正常运行着，一切都完好无损，完全是一场虚惊。

其实，彗星是由极其稀薄的气体组成，其密度仅及地球密度的几千亿分之一。8000立方米彗星气体含量还不到1立方厘米地面大气含量，倘再将之压缩到地壳物质一样的密度，那就更微乎其微了。

因此，地球穿过彗星尾部，当然就像利箭在薄雾中飞驰，安然无恙了。

彗星是太阳系中体积最大而质量很小的天体。这里所说的质量小，是与其他天体比较而言，实际

上它的质量在几百万吨至一亿亿吨左右，与地球上的物体比较起来，他还是有极大的质量。

两位天文学家的观点

每逢彗星出现时，地球就会发生瘟疫。这一观点是英国两位杰出的天文学家维克拉马兴格教授和霍伊尔爵士提出的。他们声称，星际空间中充

满微生物尘埃。彗星在太阳系诞生时，由星际微生物尘埃、病菌和冻结气体混合而成。

彗星进入太阳系，有些尘埃落入地球的大气层，霍伊尔和维克拉马兴格列举了从太空传来疾病的例子，甚至指出与哪颗彗星有关。

例如，哈雷彗星环绕太阳一周需时75~78年，1957年，亚洲型流感蔓延全球，在此之前77年也蔓延过一次。他们认为，此病突然流行是这颗彗星带来一团团尘埃所致。两位天文学家声称，虽然从太空来的微生物可能给地球生物带来一场浩劫，但是地球上出现生物和生物不断进化也跟这些微生物有莫大关系。

两位天文学家的研究

两人为验证其推论，着手研究了英国寄宿学校突然蔓延的流行性感冒的情况，发现流行性感冒并非如一般人所预料那样，从一个宿舍蔓延到另一个，而是在个别宿舍偶然发生，按道理应飘浮于大气中的微生物引起的。

1948年，流行性感冒在意大利萨丁尼亚蔓延，情况正是这样。他们说，病毒一旦侵入地球，就会使寄生体内的遗传物质发生永久变化，并且遗传给后代子孙，由此产生进化现象。

有一段时间，这两位天文学家似乎与科学界孤军作战。后来，太空探测器于1986年飞近哈雷彗星，才发现这颗彗星放出的尘埃含有碳、氢两种元素，都是生物不可或缺的。

此外还发现了一些分子碎片，似是由生物制造出来的：彗星核是覆盖一层含碳的黑色物质。这一切是否都与彗星有关，还有待于科学家的进一步证实。

探索月球上的生命

月球上发现了冰

1998年3月5日，美国国家航空航天局的科学家们声称：由佛罗里区发射升空的"月球探测者"号机器人发回的数据表明，月球陨石坑底部的土质很松，里面有大量的氢，这表明干土里有冰碴。

中国学者的解释

人们不禁会问：月球上为什么会有水？有多少水？会有生命吗？

1997年，中国学者雷文星曾作过试探性的解释：月球与地球的年龄相

当，内能与动能都小于地球，故体温上升得慢一些，演化的速度也慢了一拍，目前它还处于水冰球阶段。

在其约5000米厚的水冰层底部，有一层并不环流的水幔。水幔底部是硅酸盐类和硫包裹着的铁镍核。水冰壳表面是一层冰土和砾石，若向月球表面发射一颗导弹，便可揭示出它尘下冰壳的构成及壳下水幔的存在。

美国科学家的推断

声称发现月球有水的美国科学家认为：在过去几千亿年里，由于冰彗星和冰陨石袭击月球，故而把冰留在月球上。

据推断，月球上水的总储量有可能在1100万~3.3亿吨之间。如果月球陨石坑底土壤含水层非常深的话，月球上水的总储量有可能达到13亿吨。关于月球上水的问题，要想有个确切的答案，还得继续去探索。

Yue Qiu Shang

Neng An Jia Ma

月球上能
安家吗

发现月球存在水

对于生命，水的问题是至关重要的，人体生命在没有水的情况，连一星期也维持不了。1998年3月5日，美国国家航空航天局的科学家们向世界郑重宣布：他们在月球表面陨石坑阴暗的深处发现了水。

科学家们指出，月球上发现水对人类走向太空具有里程碑式的意义。因为离地球最近的月球有可能因此成为人类探测太阳系其他星球的跳板和中转站。他们认为，即使月球上水的储量只有3300万吨，也可保证24万人在月球表面生活100多年。

球外生命的探索

随着美国科学家连续发布在木星卫星和月球上都找到水痕迹的消息，世界航天界再次把目光凝聚在地球外生命的探索上。1987年，美国UFO学者科诺·凯恩奇在观察美国"阿波罗"8号宇宙飞船所拍摄的照片时，发现一个发亮的圆形物体，经过对照片进行放大，这个圆形物体正是一个UFO，其体形大得不可思议。后来，照片上又显示出其他许多飞碟，还有其他矗立的物体。有的UFO直径约20000米，相当于地球上的一座城镇。

1987年，苏联人造卫星对月球拍照的照片显示：月球上放着美国空军在第二次世界大战时失踪的一架重型轰炸机。这架飞机表面布满了一层绿色物体，似乎刚从海里打捞上来一样。月球绿色物体有可能是青苔。后来，那架轰炸机已经无踪迹了。科学家们大惑不解：这么庞大的巨型轰炸机是如何被运上月球的？是何种生命体干的？又为何把它藏匿起来了？由此可以想象在神秘的太空中还有智慧生物在活动，它们来无影去无踪，那么人类能不能发展到这种程度呢？

Deng Shang
Yue Qiu
Zui Zao De Ren

登上月球
最早的人

谁是登月第一人

1969年7月16日，巨大的"土星"5号火箭载着"阿波罗"11号飞船从美国肯尼迪发射场点火升空，开始了人类首次登月的太空征程。

美国宇航员尼尔·阿姆斯特朗、埃德温·奥尔德林、迈克尔·科林斯驾驶着"阿波罗"11号宇宙飞船跨过38万千米的征程，承载这全人类的梦想踏上了月球表面，这是整个人类的伟大进步。

登月军事用途

后来传出一个令人难以置信的消息：1890年，已经有两个美国人成功地登上了月球，比阿姆斯特朗整整早79年！据一封最近被发现的古老信件透露，当时一位瑞士富商用他庞大的物力资助了这次私人太空探险计划，而整件事一直未向外透一点点消息，原因只是不想被某些国家在军事上加以利用。

"我们已经成功创下了一次惊人壮举，但我们每个参与这项计划的人都必须保证，不向世人透露半句。"

这位名叫马田·赫之曼的瑞士富

翁，在1890年9月18日给他一个比利时合股人的信件中这样写道："假如将这事公开，我们的付出便会被一些国家用来发展杀人武器，这将会对世人造成大的灾难，这是我们绝对不希望的。"

这封长达7页的信件，就存放在这位瑞士富翁一张古老的书桌抽屉内，他在写完这封信4年后，也就是1894年便逝世了，然后直至现在这封信才被他的一位曾孙发现并公开发表。

这封信写好后并没有寄出，原因是赫之曼那位生意合伙人佐治·高比在这封信写好后第二天，因心脏病发而死去，赫之曼接到噩耗后就把信件藏了起来，以免秘密外泄。

两位太空人的所见

从信中得知，那两名只知他们姓氏叫安德逊和沙特斯基的太空人，是由一支20000千克重的英国制造的单台式火箭将他们送上月球的，时间是1890年9月1日。4天后，他们安全返回地球，太空囊就跌落在大西洋某个地方。

"两位勇敢的太空人告诉我们他们在月球上见到的只是一片荒凉暗淡

的平地，那里既没有空气也没有水"，这位死去多年的瑞士商人在信上写道："在那里地心吸引力特别小，他们两人都要穿上加了铅块的靴子，才能勉强行走。"

"虽然那里什么也没有，但从它上面看地球和外太空，那种景象真的是太迷人了，难怪那两位太空人要叫它'上帝的太空'。"

两名太空人的身份之谜

赫之曼的信件是在1989年3月由他的曾孙交给一位记者后发表的，在信中赫之曼还高度赞扬那两位19世纪的征空英雄，说他们"都是志愿参加这次登月壮举，凭着他们的勇气、审慎和学识，成功为人类历史写下了新的一页"。

虽然信中也提到两名太空人返回地球后身体并无不妥，但信内却一直没有提到他们后来的情况，另外，他们的真正身份也一直是个谜。

月面人类赤脚印

据香港《文汇报》和《家庭主妇报》透露：1969年美国"阿波罗"11号宇宙飞船首次着陆月球时，宇航员在月球的表面共发现了23个人类赤脚

印，于是用照相机拍摄下来。在过去的27年中，美国当局对此一直保密。直至最近，在一批飞碟研究人员的要求下才公开了这一秘密。

美国天体物理学家康姆庞对美国新闻媒体说："显然，在月球上发现人类的赤脚印是令人吃惊的，说明有人在美国之前已登上月球，而且不穿宇航服。"

康姆庞还说："据登上月球的宇航员称，这些脚印无可置疑是属于人类的，而

2010年10月6日，在澳大利亚地理学会举行的年度颁奖典礼上，一段从未完整公开的人类首次登月的高清晰度录像片段播出，清晰地记录了阿姆斯特朗迈出登月第一步的场景。

分析人士称，这段清晰的视频影像可能会成为登月真实论的有力依据，但也不能由此认为"登月阴谋论"会消失，被国外媒体称为惊天之谜的"阿波罗"11号登月之谜还有待新的破解。到底谁最先登上月球？此问题目前仍不能下一个确切的定论，还有待考证、研究。

且留下的时间不久。"然而地球人是不可能赤着脚登上月球的，也不可能不靠运载工具而自行飞月球，而美国"阿波罗"11号首次登月宇航员始终穿着宇航服和登月靴，那么留下这些脚印的到底是谁？

"阿波罗"登月之谜

42年前"阿波罗"11号的登月电视直播吸引了全世界的目光，并由此引发了全球范围内的太空热，但是"登月骗局"的质疑声却不绝于耳，原因之一就是此前一直没有清晰可信的影像资料可以显示阿姆斯特朗当时踏上月球的真实情况。

2006年，美国国家航空航天局承认，阿姆斯特朗登月的原版录像已经被抹掉，舆论界一片哗然。